Martin Bachner

HANDBUCH FÜR BRUNNENBESITZER

Martin Bachner

Handbuch für Brunnenbesitzer

Wartung · Sanierung · Gesetzliche Bestimmungen

3. Auflage

Leopold Stocker Verlag
Graz – Stuttgart

Grafik, Layout und Titelgestaltung: Werbeagentur Rypka GmbH, Dobl/Graz, www.rypka.at
Titelbild: Martin Bachner
Die Bilder und Grafiken im Textteil wurden freundlicherweise vom Autor zur Verfügung gestellt.

Bibliografische Informationen der Deutschen Nationalbibliothek
Die Deutsche Nationalbibliothek verzeichnet diese Publikation in der Deutschen Nationalbibliografie; detaillierte bibliografische Daten sind im Internet über http://dnb.d-nb.de abrufbar.

Hinweis:
Dieses Buch wurde auf chlorfrei gebleichtem Papier gedruckt.

ISBN 978-3-7020-1317-2

INHALT

VORWORT

Martin Bachner ist ein gestandener Praktiker, der im vorliegenden Buch die wichtigsten Punkte zur Instandhaltung und Sanierung von Brunnen und Wasserversorgungsanlagen, die jeder Brunnenbesitzer kennen sollte, zusammengestellt hat.

Im Unterschied zu vielen Fachbüchern, die meist auch sehr umfangreiche Werke sind, ist dieses Buch auch für den Laien verständlich formuliert und beschränkt sich auf das Wesentliche. Es ist ein wirkliches Handbuch, das sich bewusst nicht an Brunnenbaufirmen, Zivilingenieure oder sonstige Sachverständige wendet, sondern vielmehr an den Brunnenbetreiber. Sie werden darüber informiert, wie Sie mit relativ einfachen Mitteln Ihre Anlage in gutem Zustand erhalten und damit die Wasserqualität langfristig sicherstellen können.

Die meisten warten ihre Heizungsanlage und führen die notwendigen Servicearbeiten durch, auch beim Haus wird von Zeit zu Zeit der Anstrich erneuert. Bei einer Brunnenanlage indes denkt häufig keiner daran, dass auch hier gewisse Kontrollen und Wartungsarbeiten notwendig und sinnvoll sind, denn auch ein Brunnen ist einem Alterungsprozess unterworfen, dem durch periodische Wartungsarbeiten (z. B. Reinigung, Desinfektion) entgegengesteuert werden kann. Reagiert man allerdings erst dann, wenn der Brunnen versandet oder verockert ist, wird eine Sanierung teuer; möglicherweise sind die Schäden dann bereits irreparabel.

Wenn Ihre Brunnenanlage zum Beispiel jahrelang problemlos funktioniert hat, Sie aber seit zwei, drei Jahren bemerken, dass Sand gefördert wird bzw. die Pumpe wegen Wassermangel ausschaltet, dann ist es entweder zu einer Versandung oder zu einer Verockerung gekommen. Reagieren Sie rechtzeitig, also umgehend beim Auftreten erster Symptome; noch besser durch periodische, präventive Wartung. So lassen sich derartige Probleme mit geringen Mitteln beseitigen. Warten Sie indes, bis der Brunnen nicht mehr fördert, kann es passieren, dass Sie die Anlage aufgeben müssen. Durch die Brunnenverockerung werden zuerst weiche Beläge gebildet, die jedoch im Laufe der Zeit verhärten und dann bestenfalls nur schwer und sehr kostenintensiv oder gar nicht mehr beseitigt werden können.

Die Kontrolle und Wartung beginnt bereits im Oberflächenbereich: Achten Sie darauf, dass Ihre Haustiere keinen Zugang zur Brunnenanlage haben. Sehr viele Tiere wühlen und können dadurch im Oberflächenbereich die Abdichtung beschädigen, so dass es zu einer Verunreinigung infolge des Eintritts von Oberflächenwasser kommen kann. Eine Einzäunung ist deshalb in vielen Fällen sinnvoll.

Sollte eine Brunnenertüchtigung (Reinigung – Entsandung – Regenerierung) notwendig sein, dann lassen Sie diese Arbeiten durch eine Fachfirma (gewerblich berechtigte Brunnenbaufirma) durchführen. Als Auftragsgrundlage sollten immer die einschlägigen Ö-Normen (in Österreich die ÖNorm B2601 und B2602) vereinbart werden. Führen Sie ein Brunnenbetriebsbuch, in dem sowohl alle Vorkommnisse als auch alle Kontroll- und Wartungsarbeiten eingetragen werden.

Wasser ist Leben – dies gilt allerdings nur dann, wenn es sich um sauberes und keimfreies Wasser handelt.

In diesem Sinne soll Ihnen das vorliegende Buch einige wichtige Hinweise zur Pflege Ihrer Wasserversorgungsanlage geben.

Wien, im Dezember 2010
gez. *DI Hermann Haertl*
Brunnenmeister, allgem. beeideter und
gerichtlich zertifizierter Sachverständiger
für Brunnen- u. Spezialtiefbau

BRUNNENBAUER MARTIN BACHNER – UND WARUM DIESES BUCH ENTSTAND!

Brunnenbau ist meine große Leidenschaft, die mir bereits in die Wiege gelegt wurde. Mein namensgleicher Großvater gründete 1918 als Brunnenmeister eine Brunnenbaufirma, die mein Vater, Ludwig Bachner, ebenfalls Brunnenmeister, nach dem Zweiten Weltkrieg weiterführte.

Ich wurde 1963 geboren, begann 1978 nach Abschluß von Volks- und Hauptschule die Lehre als Brunnenmacher, besuchte die Berufsschule in Murau und legte die Lehrabschlußprüfung mit ausgezeichnetem Erfolg ab.
Während und nach meiner Lehrzeit war ich auf Baustellen als Brunnenmacher und Bohrgeräteführer überall in Österreich tätig, führte Brunnensanierungen, Spülbohrungen, Hammerbohrungen, Trockendrehbohrungen, Greiferbohrungen und Kernbohrungen durch. Schwierige und problematische Brunnenbaustellen waren und sind bis heute eine Herausforderung für mich.

Ab 1985 übernahm ich im väterlichen Betrieb neben den praktischen Arbeiten mehr und mehr den Planungsbereich und die kaufmännischen Aufgaben, wie Projektentwicklungen, Kalkulationen, Abrechnungen, Kundenberatung für den Brunnenbau usw.
1990 legte ich die Meisterprüfung für Brunnenbau mit Erfolg ab.
1991 wurde ich Geschäftsführer der Ludwig Bachner Ges.m.b.H.

2014 habe ich meine Firma an die Bernegger Gruppe aus Molln (OÖ) verkauft. Ich bin weiterhin gewerberechtlicher Geschäftsführer und Prokurist. Die Firma heißt heute Bachner Brunnen- und Spezialtiefbau GmbH. Der Sitz ist in Molln und Kematen/Ybbs, beschäftigt ca. 70 Mitarbeiter und ist in den Bereichen Brunnenbau und Brunnensanierung, Pumpenanlagenbau, Aufschlußbohrungen, Grundwasserabsenkungen, geothermische Bohrungen, Beweissicherung und Spezialtiefbau tätig.

1997 wurde ich Berufsgruppensprecher der Brunnenmacher von Niederösterreich.
1998 nahm man mich in die niederösterreichische Prüfungskommission für Lehrabschluß- und Meisterprüfungen auf.

2002 wurde ich auch in die steiermärkische Brunnenmeisterprüfungskommission, die inzwischen die Hauptkommission in Österreich ist, aufgenommen.

Nachdem eine neue Trinkwasserverordnung erlassen worden war, bat mich die niederösterreichische Umweltberatung im Jahr 2002, ich solle im Namen der niederösterreichischen Landwirtschaftskammer Vorträge über Brunnensanierung für die niederösterreichischen Bauern halten.
Diese Vorträge fanden so großes Interesse, daß ich Herrn DI Haertl (Brunnenmeister, ehem. Berufsgruppensprecher für Österreich und gerichtlich beeideter Sachverständiger für Brunnenbau) ersuchen mußte, mich bei meiner Vortragstätigkeit zu unterstützen.
Wir haben uns in der Vortragsreihe über Brunnenbau und -sanierung bemüht, den Brunnenbesitzern die Bedeutung des Trinkwassers und die Wichtigkeit einer ordentlichen Instandsetzung und -haltung sowie Pflege von Wasserversorgungsanlagen näherzubringen. Dabei zeigte sich, daß immer wieder die selben Fragen auftauchten, so daß mir die Idee zu diesem Handbuch kam. Außerdem finden Sie im vorliegenden Buch auch die wichtigsten baulichen Regeln und Maßnahmen, die eine bestmögliche Wasserversorgung gewährleisten. – So hoffe ich, daß Ihnen das Buch zeigt, wie wichtig eine gepflegte und vorschriftsmäßig errichtete und gewartete Brunnenanlage für die optimale Trinkwasserförderung ist.

Abschließend darf ich noch die Gelegenheit wahrnehmen, um mich bei meinen Mitarbeitern, die mich bei der Ausarbeitung dieses Handbuches unterstützt haben, herzlich zu bedanken!

Kematen/Ybbs, im Sommer 2018 *Glück auf!*

ALLGEMEINES

Brunnenanlagen sind Bauwerke, die den wichtigsten Grundstoff des Lebens liefern – und zwar unser Wasser!

Man erwartet von einem Brunnen, daß er dieses Wasser immer in bester Qualität und in ausreichender Menge spendet. Um eine einwandfreie Funktion der Brunnen und der technischen Ausrüstungen sicherzustellen, ist eine ständige Wartung und Beschauung erforderlich; dazu führt man ein Betriebsbuch, in das alle Brunnendaten, Wasserstände und Wasserzählerstände, Kontrollgänge, Wartungsarbeiten und Reparaturen mit Datum eingetragen werden.

Man beachte bitte, daß der Autor zwar die derzeit geltenden Normen, Verordnungen und Gesetze der Bauordnung berücksichtigt hat, daß es aber Gesetzesänderungen geben kann – abgesehen davon, daß in den Bundesländern unterschiedliche Richtlinien gelten können, so daß es sinnvoll ist, sich bei den zuständigen Behörden zeitgerecht bezüglich eventueller Änderungen zu erkundigen. Wenn der Brunnenbesitzer die in diesem Buch empfohlenen Maßnahmen beachtet, wird er für viele Jahre eine zuverlässige Wasserversorgung haben.

Für Brunnenbesitzer ist es wichtig, Trinkwasser in ausreichender Menge und Qualität zur Verfügung zu haben. Selbst, wenn keine Trinkwasseruntersuchung vorgeschrieben wurde, sollte man im eigenen Interesse in regelmäßigen Abständen (je nach Untersuchungsergebnis einmal in 1 bis 2 Jahren) eine Wasseruntersuchung durchführen lassen. Sagt dieser Befund, daß das Wasser nicht trinkwassertauglich ist, so kann nach den einzelnen hier beschriebenen Kapiteln auf Fehler- und Mängelsuche gegangen werden.

Sollte eine Behörde (es kann auch andere Gründe geben) den Nachweis der Trinkwassertauglichkeit verlangen, und ergibt die Untersuchung, daß eine Sanierung notwendig ist, sollte man diese Auflage nicht als Schikane betrachten, sondern bedenken: Trinkwasser ist unser wichtigstes Lebensmittel.

Es ist durchaus möglich, daß im Falle eines schlechten Wasserbefundes die Keimquelle nicht im Brunnen liegt, sondern z. B. im alten oder verunreinigten Leitungssystem, oder daß sie durch unsachgemäße Wasserprobenentnahme entsteht. Im Zweifelsfall sollte man die Untersuchung wiederholen.

Pflegebedürftiger Wasserspender

Man sollte sich von einer konzessionierten Brunnenbaufirma beraten lassen, und sie sollte einen Kostenvoranschlag erstellen. Ein Brunnenbauer soll dann die Überprüfung oder Sanierung der Brunnenanlage durchführen.
So harmlos und ungefährlich ein Brunnen auch aussieht, in Eigenregie durchgeführte Brunnensanierungen haben schon manche Menschen mit ihrer Gesundheit oder gar mit ihrem Leben bezahlen müssen. Gase im Brunnen sowie die Absturz- und Einsturzgefahr stellen potentielle Gefahrenquellen dar. Unfachmännisch durchgeführte Maßnahmen können außerdem die Brunnen- und Wasserqualität verschlechtern, statt sie zu verbessern.

Mit größter Wahrscheinlichkeit gibt es von alten Brunnenanlagen und Quellfassungen keine Unterlagen und Pläne. Es sollten daher im Zuge von Sanierungsmaßnahmen unbedingt einfache Bestandsunterlagen und Dokumentationen angefertigt werden, um bei späteren Reparaturen oder Problemen in diese Einsicht nehmen zu können.

Auch wenn der Brunnen einwandfrei funktioniert und der Wasserbefund immer in Ordnung ist, sollte man sich die Mühe machen und von Zeit zu Zeit in den Brunnen schauen.
Man achte darauf, daß nichts auf der Wasseroberfläche schwimmt, daß alles dicht ist und daß keine unerwünschten Wurzeln und Insekten im Brunnen sind. Wenn es möglich ist, mißt man den Wasserstand und die Brunnentiefe, liest den Wasserzähler ab und schreibt die Werte inkl. Datum in ein Brunnenbetriebsbuch. In diesem Buch vermerkt man auch die Wartungsarbeiten und Reparaturen. Die äußere Umgebung der Wasserversorgung muß regelmäßig gepflegt und die Anlage regelmäßig kontrolliert werden.

Sollte man den Brunnen für eine Heizung mittels Wasserwärmepumpe verwenden wollen, so muß eine wasserrechtliche Bewilligung eingeholt werden. Diesbezüglich sollte man sich auf jeden Fall bei der zuständigen Behörde erkundigen, welche Bewilligungen nötig sind.
Grundsätzlich ist jede Entnahme von Wasser aus dem Boden und dessen Rückführung in den Boden bewilligungspflichtig. Ausnahmen kann es in manchen Ländern bzw. Bundesländern unter gewissen Voraussetzungen geben, vor allem, wenn ausschließlich private Schöpf- und Nutzzwecke verfolgt werden.

Es ist immer notwendig, mit den zuständigen Behörden vor Beginn von Wassererschließungsarbeiten Rücksprache zu halten.

Brunnen sind keine Blumenabstellplätze – dieser Brunnen wurde saniert (vorher – nachher)

BRUNNEN UND SCHÄCHTE VON AUSSEN

Folgende Punkte sind zu beachten, um ein Eindringen von Verunreinigungen zu verhindern.

Der Brunnen sollte für Beschauungs-, Kontroll- sowie für Regenerierungs- und Sanierungsmaßnahmen leicht zugänglich sein, außerdem ist für eine gepflegte Umgebung zu sorgen! Ein Mindestabstand von 10 m (gilt in Österreich lt. der Bauordnung einiger Bundesländer) zwischen Brunnen und Senkgruben bzw. Düngersammelanlagen (Miststätten) muß eingehalten werden. Der tatsächlich notwendige Abstand hängt allerdings von der Geologie bzw. der Bodenschichtung sowie der Brunnenbauart ab und sollte so groß wie möglich sein, denn auch 10 m können bei ungünstigen Verhältnissen zuwenig sein.

Befindet sich der Brunnen oder die Quellfassung auf einer Weide oder im Wald, sollte durch einen Zaun verhindert werden, daß Tiere zu nahe an die Anlage herankommen. Sie könnten die Anlage beschädigen und durch ihre Ausscheidungen die Wasserqualität beeinträchtigen. Die richtige Flächengröße der Umzäunung hängt von der Bauart der Wasserfassung und der Geologie ab.

Ein Brunnen, wie er sein sollte

So nicht! Gefahr für Mensch und Tier

Brunnen mit entsprechend eingezäuntem Schutzgebiet

Da laut Bauordnung einiger Bundesländer (in Österreich) Senkgruben oder Düngersammelanlagen einen Mindestabstand von 10 m zu Brunnen haben müssen, kann man davon ausgehen, daß bei Weiden die eingezäunte Fläche mindestens 20 x 20 m haben muß. In Siedlungsgebieten kann auch weniger ausreichend sein.

Den Brunnen darf man nicht von Pflanzen überwuchern lassen. Der Abstand zu Bäumen und anderen Gewächsen hängt von deren Wurzellänge und -stärke und von der Bauart der Anlage ab, wobei zu beachten ist, daß Wurzeln auf keinen Fall in den Schacht hineinwachsen dürfen. Bei Tiefwurzlern ist die Gefahr größer als bei Flachwurzlern oder Sträuchern. Erkundigen Sie sich bei einem Gärtner oder einer Baumschule, wie weit und tief die Wurzeln Ihrer Pflanzen wachsen können.

Der Brunnenschacht soll mind. 30 cm über daß Geländeniveau gezogen und mit einem versperrbaren und tagwasserdichten Brunnendeckel inkl. Entlüftung abgedeckt sein, der nicht als Abstellfläche benutzt werden sollte. Ist die Brunnenabdeckung aus baulichen Gründen bodeneben, ist diese druckwasserdicht auszuführen, wenn möglich mit einem leichten Gefälle nach außen. Auch in diesem Fall muß der Schacht mit einer Entlüftung versehen werden.

Einfache Schachtabdeckung mit Vorhängeschloss

Schachtausführung bodengleich und druckwasserdicht

Auf keinen Fall dürfen Holz- oder rostige Eisendeckel verwendet werden und auch keine geteilte Brunnenabdeckung.

Jeder Brunnen und Schacht muß mit einer insektensicheren Entlüftung, 100 – 150 mm Durchmesser, bei größeren und begehbaren Anlagen auch mit einer Belüftung ausgestattet sein.
Diese Be- bzw. Entlüftung muß in hochwassergefährdeten Gebieten über den Höchstwasserspiegel ragen, sonst muß sie höher als die durchschnittliche Schneehöhe sein. Dies gilt auch für Brunnenvorschächte, die nicht druckwasserdicht ausgeführt sind. Sollte die Entlüftung im Inneren eines Gebäudes sein, muß ihre Positionierung und Ausführung das Eindringen von Flüssigkeiten und Insekten verhindern.

Brunnenschächte sind bis zum Grundwasserspiegel, mindestens aber bis 3 m unter Gelände wasserdicht auszuführen.

Jeder Brunnenschacht muß eine Oberflächenabdichtung (z. B. Lehmschlag, Dichtbeton oder dgl.) haben. Bei älteren Brunnen, von denen keine Pläne vorhanden sind, ist mittels Probegrabung zu kontrollieren, ob der Brunnen eine Abdichtung hat, die Oberflächenverunreinigungen verhindert. Wichtig: Die Abdichtung ist so einzubauen, daß sie ein Gefälle vom Schacht weg hat.

Brunnen mit Lehmschlag

Brunnenringe korrekt abgedichtet und verputzt

Sollte kein Lehmschlag bzw. keine Abdichtung vorhanden sein, besteht die Möglichkeit nachträglich eine solche einzubauen. Die Erdarbeiten sind sehr behutsam zu bewerkstelligen, da die gewachsenen Bodenschichten eine gewisse natürliche Dichtheit aufweisen.

Brunnen im oberen Bereich nur von innen abzudichten, ist ungenügend, da Verunreinigungen außerhalb der Schachtwand – durch die Bodenfuge bis ins Grundwasser gelangen können, wenn keine weitere Abdichtung vorhanden ist.

Brunnenvorschächte als Fertigteil

Nach der Durchführung des Erdaushubes und vor dem Einbau einer Abdichtung (Lehmschlag) kann die Brunnenwand von außen auf Undichtheiten bzw. Risse geprüft werden, Brunnenringe kann man austauschen und anschließend verputzen; dabei ist zu beachten, daß Feder bzw. Zapfen der Betonringe oben sein müssen.

Ein Betonkranz oder ein Traufenpflaster ist zu empfehlen, sowohl aus optischen Gründen als auch als zusätzlicher Schutz des Brunnens. Wichtig: Die Oberfläche ist mit Gefälle vom Brunnen weg zu gestalten.

BRUNNEN UND SCHÄCHTE VON INNEN

Entspricht nun der äußere optische Eindruck unseren Anforderungen, so werfen wir einen Blick in das Innere des Brunnens.

Es ist darauf zu achten, daß die Brunnenringe ordentlich verschmiert bzw. mit Brunnenschaum abgedichtet sind.

Mauer- und Kabeldurchführungen sind oft nur ausgestemmt, jedoch nicht wieder abgedichtet worden.
Einige Rohrhersteller produzieren eigene Dichtungsstücke und Mauerdurchführungen. Zumindest sollten alle Stemmlöcher und Risse mit Brunnenschaum oder Mörtel abgedichtet werden.

Der Einstieg

Mauer-durchführungsstück

Verrostete Podeste, Eisenträger und Pumpentragschellen sind auszutauschen. Man verwendet Einbauteile mit einem lebensmittelechten Korrosionsschutz, vorzugsweise in stahlverzinkter – oder noch besser in Edelstahl (NIRO) – Ausführung.

Schachtbrunnen sollte man, wenn möglich, leerpumpen, die Sohle säubern und, um einen Feinteilauftrieb (Aufkochen der Sohle) zu verhindern, verkiesen.

Schachtbrunnen mit Betonfertigteilringen

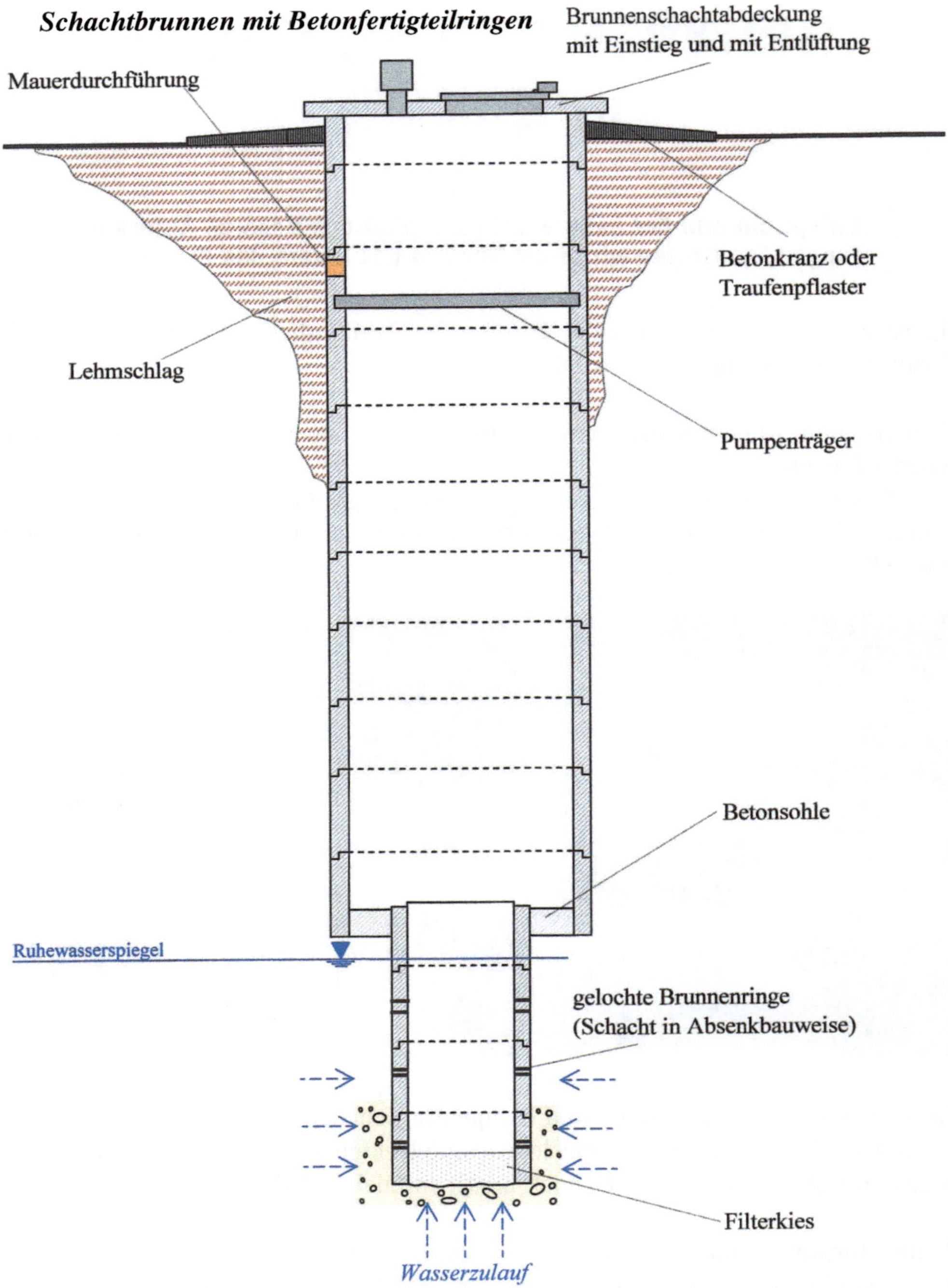

Sanierung eines steinausgelegten Brunnens mit PVC-Rohren und Brunnenkopf

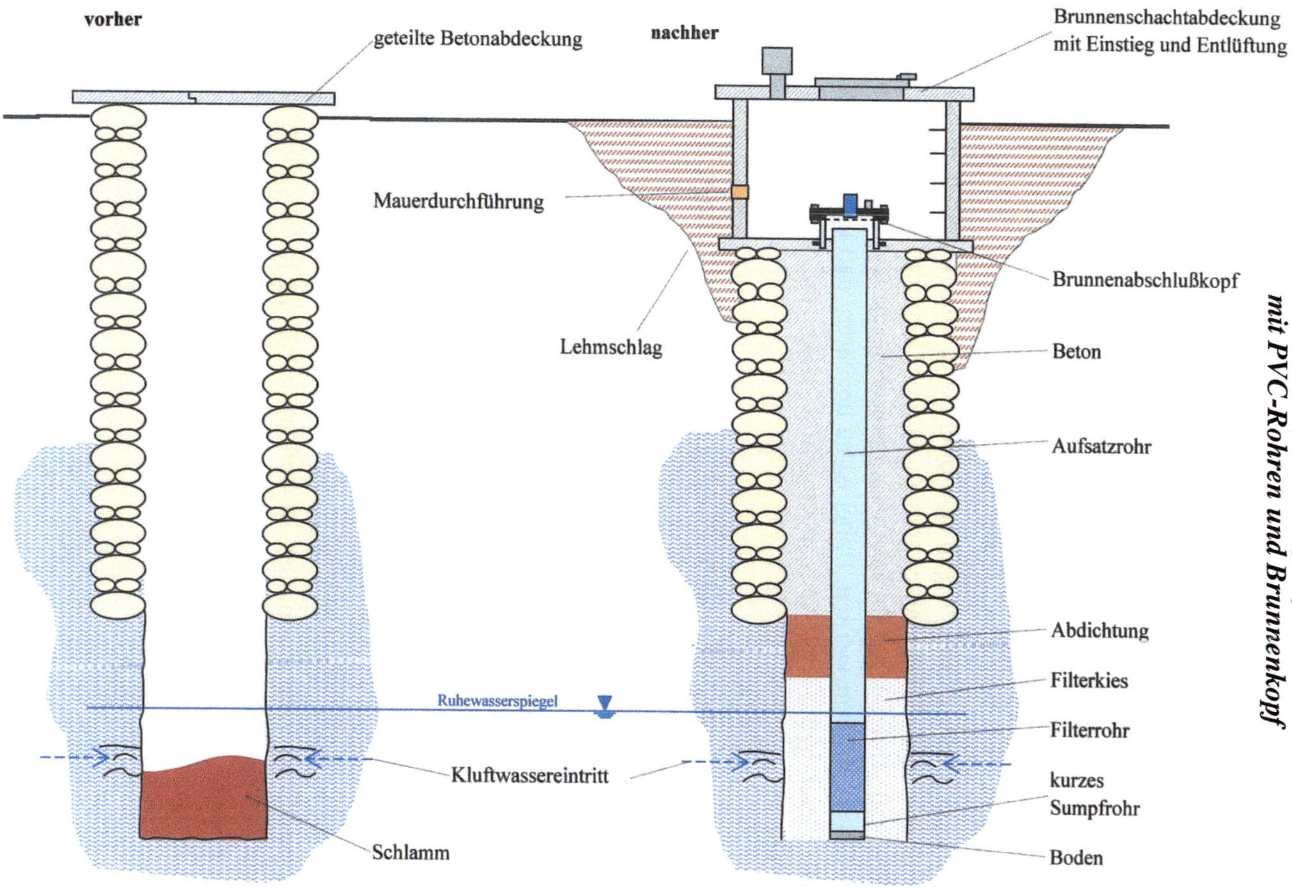

Die Körnung des Kieses muß an den Naturboden angepaßt werden, damit klares Wasser gefördert werden kann. Am besten eignet sich Quarzkies oder auch gewaschener Rundkies mit sehr geringem Kalkanteil, der vor dem Einbau desinfiziert werden muß. Das wird z. B. erreicht, indem mit einer Kanne ein Chlor-Wasser-Gemisch (siehe Desinfektions-Merkblatt) auf den Kies gegossen wird.

Auf keinen Fall darf sich Holz (egal in welcher Form und für welchen Zweck) in einem Brunnen befinden, da Holz der beste Nährboden für Keime, Pilze und dergleichen ist.

Sollte das geförderte Wasser trüb sein oder Sand mitbringen, kann nachträglich ein Filterrohr mit Verkiesung eingebaut werden. Befindet sich ein alter Holzbottich bzw. eine Holzbüchse im Brunnen, muß dieser bzw. diese nach Einbau eines neuen Filters entfernt werden. Dabei ist zu beachten, daß beim Ziehen der Holztauben gleichmäßig Filterkies nachgefüllt wird, um einen Grundbruch zu vermeiden.

Befindet sich im Brunnen schon ein kurzes Filterrohr, kann man es ausbauen, reinigen bzw. erneuern und neu verkiesen.
Allerdings ist ein Filteraustausch nur möglich, wenn sich das Rohr im Bereich der Schachtwand oder in standfesten Böden befindet, da der Brunnen sonst einstürzt. Wenn diese Gefahr besteht oder wenn das Filterrohr so lang ist, daß es nicht herausgezogen werden kann, muß die Entsandung und Reinigung wie beim Bohrbrunnen durchgeführt werden.

Nach jeder Sanierungsmaßnahme müssen Brunnenwand, Pumpsteigleitung und Pumpe mechanisch gesäubert sowie defekte, korrodierte Teile ausgetauscht werden.
Anschließend muß man den Brunnen klarpumpen und desinfizieren. Erfahrungsgemäß ist eine einmalige Desinfektion oft nicht ausreichend, um das gewünschte Ergebnis zu erzielen. Die Desinfektion ist lt. beiliegendem Desinfektions-Merkblatt durchzuführen.

Brunnensanierung (Gegenüberstellung)

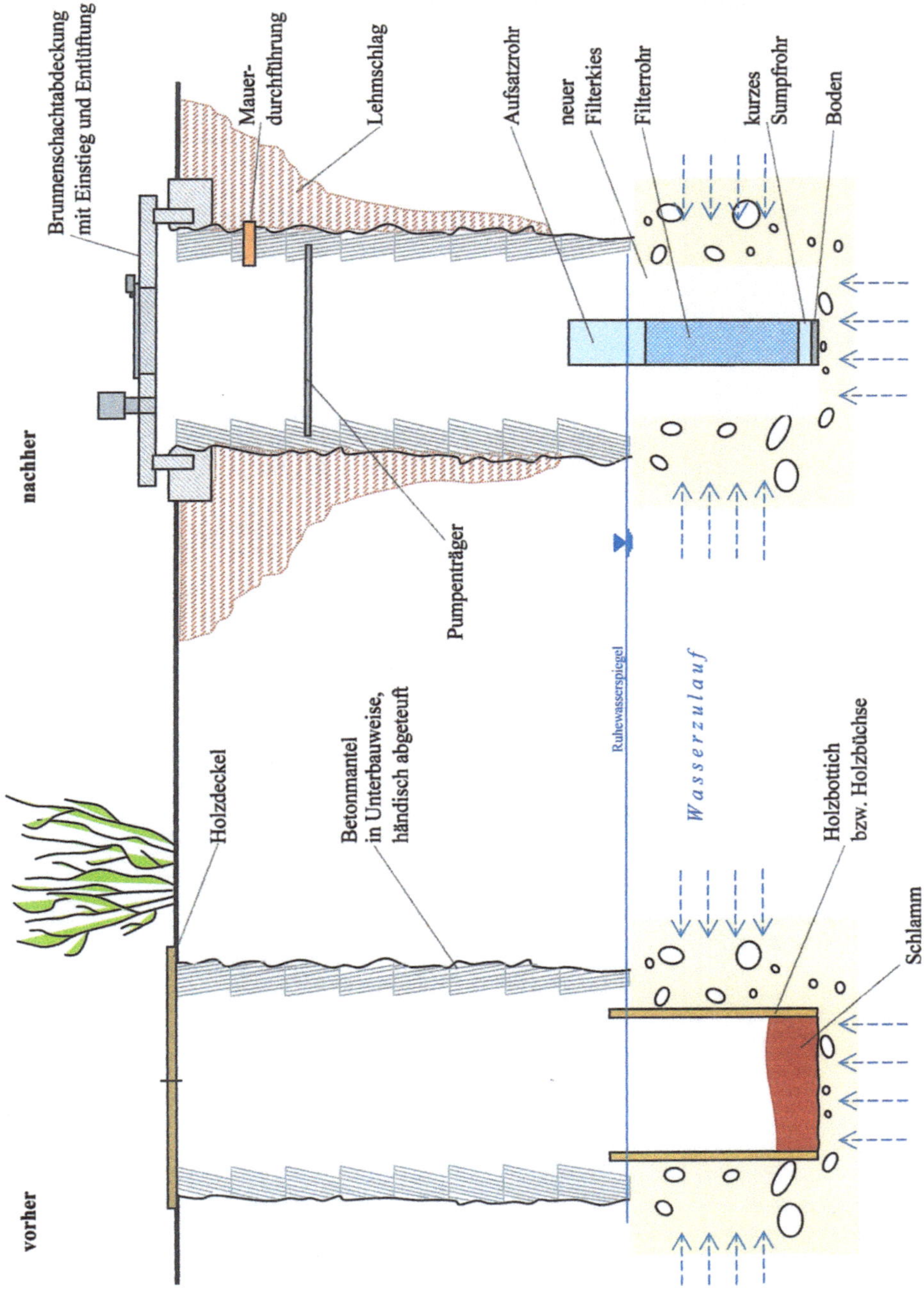

Sanierter Schachtbrunnen mit verkiestem Filterrohr, Brunnenkopf und begehbarer Abdeckung

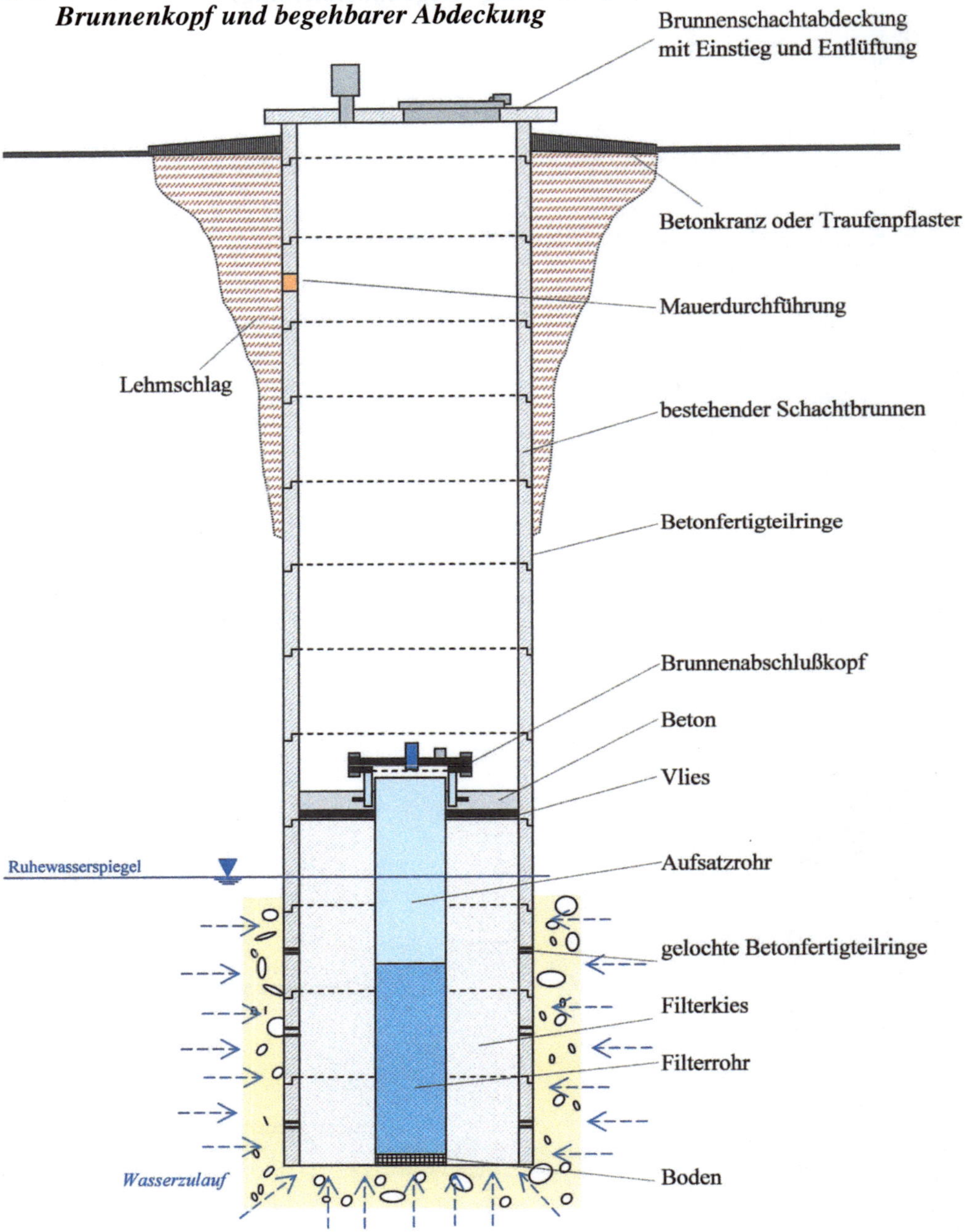

RAMMBRUNNEN

Leistungsschwache Schlagbrunnen aus Stahlrohren mit einem Durchmesser bis 2" zu sanieren, ist meist unwirtschaftlich bzw. vielfach unmöglich.

Wenn ein neuer Brunnen gerammt wird, kann man eventuell das Pumpenoberteil wieder verwenden.

Falls der Grundwasserspiegel gesunken ist und die Rohre nicht zu stark korrodiert sind, kann man versuchen, den Brunnen nachzuschlagen.

Sollte die Wassermenge nachgelassen haben, ist es möglich den Rammbrunnen mit Wasser oder Luft freizuspülen.

Wenn das Ansaugen nicht richtig funktioniert und der Durchmesser es zuläßt, kann man nachträglich eine Saugleitung in den Schlagbrunnen einbauen.

Schlag- oder Rammbrunnen

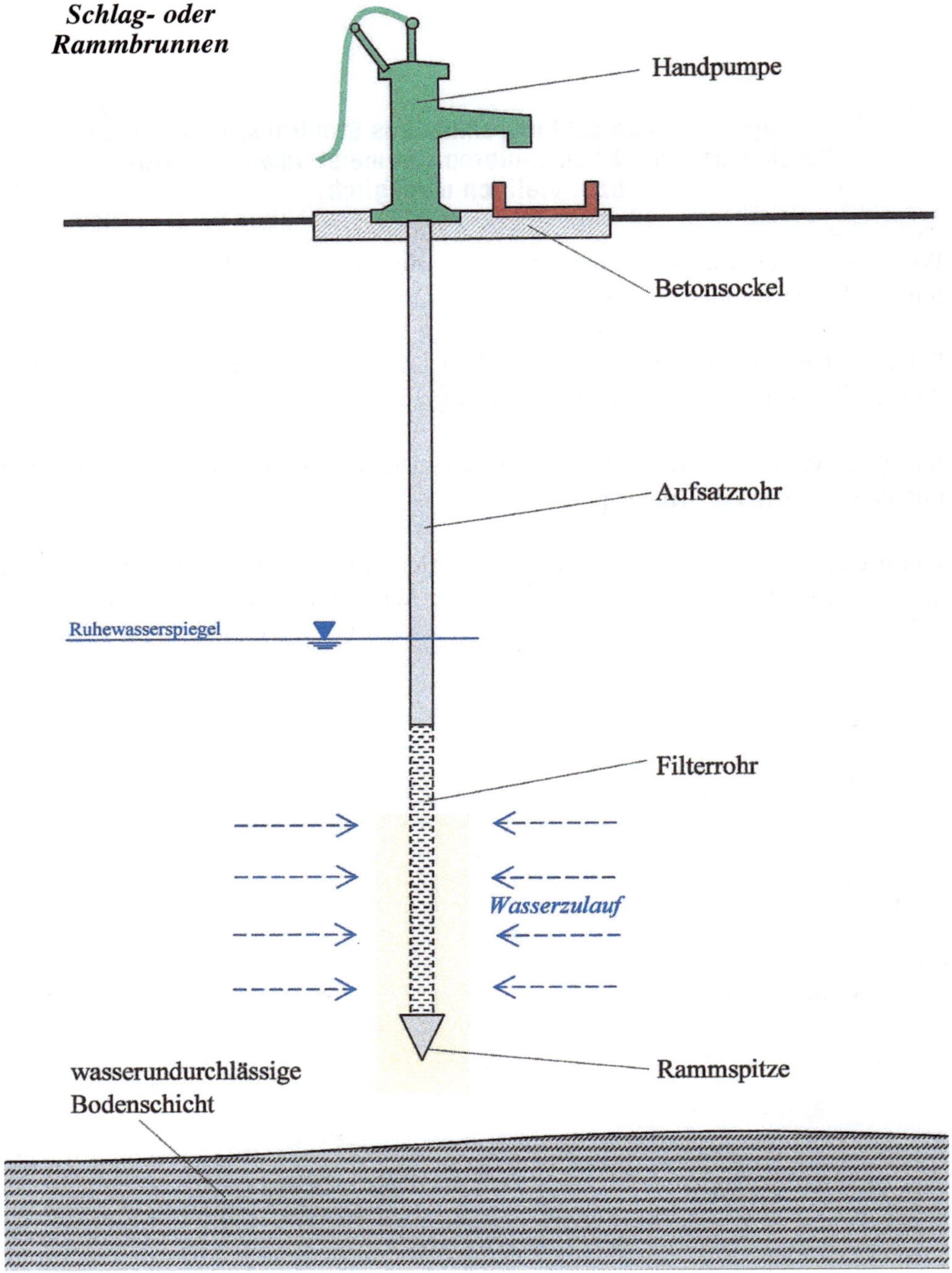

QUELLFASSUNG

Da sich Quellfassungen in ihrer Bauart sehr unterscheiden, ist es schwer, Standard-Sanierungsregeln festzulegen.

Bei Quellfassungen, Quellstuben und Behältern sind im Prinzip die gleichen, wie in den Kapiteln „Brunnen und Schächte von außen“ (Seite 15) und „Brunnen und Schächte von innen“ (Seite 21) beschrieben, baulichen Regeln und Maßnahmen zu beachten. Man denke an tagwasserdichte Abdeckungen, insektensichere Entlüftungen, dichte Fugen und Mauerwerksdurchführungen, Lehmschlag, Umzäunungen usw.

Wenn die Quelle sehr oberflächennah und nicht im Bereich einer natürlichen und dichten Überdeckung gefaßt wurde, sollte sie zusätzlich eine ausreichend dicke Überdeckung erhalten, um Verunreinigungen des Wassers zu verhindern. Die Mindeststärke der Überdeckung von der Quelle bis zur Geländeoberkante soll 3 m betragen. Eine Oberflächendrainage ist empfehlenswert.

Quellfassung mit eingezäuntem Wasserschutzgebiet

Quellfassung

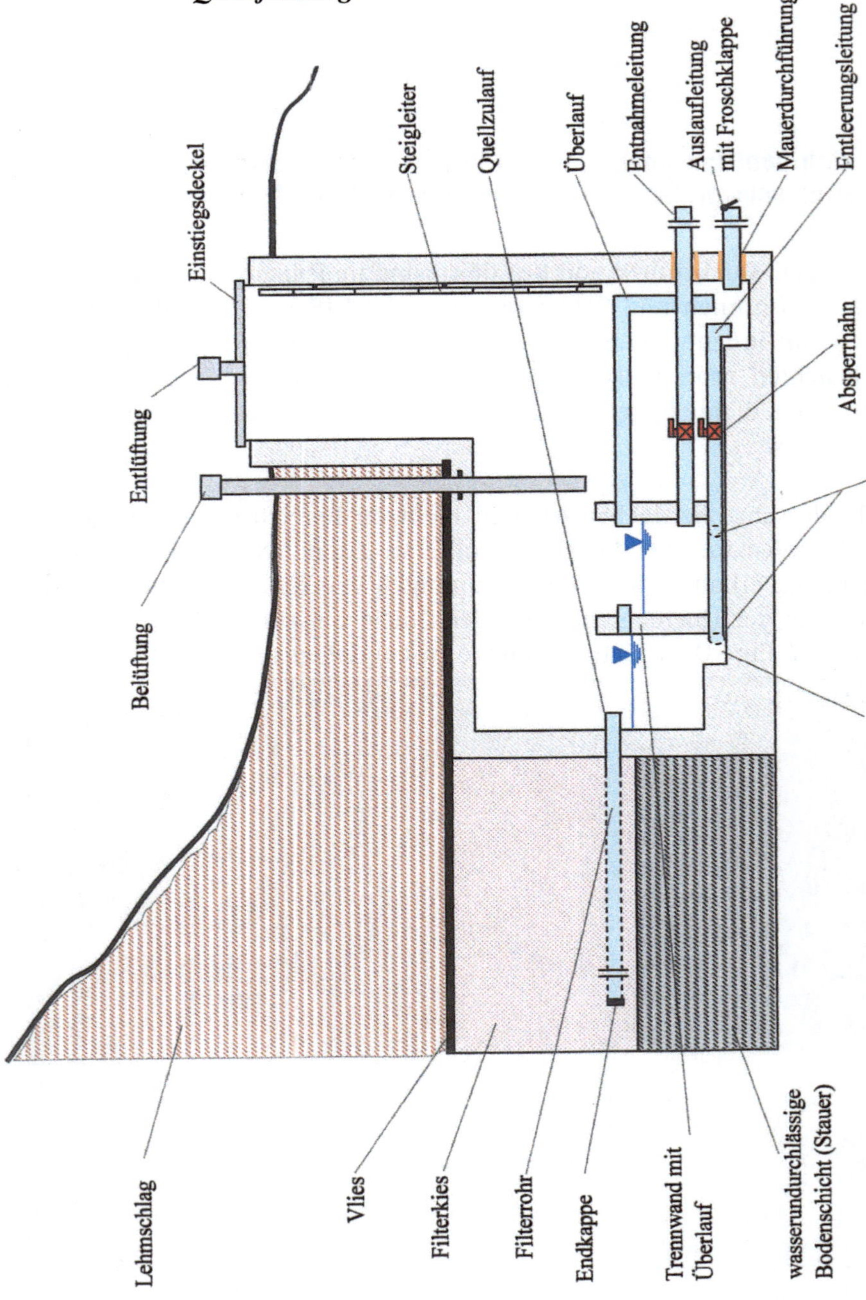

Wichtig ist, daß bei Erdarbeiten sehr behutsam vorgegangen wird, da der gewachsene Naturboden im Umfeld nicht unnötig zerstört werden soll.

Eine Quelle darf nicht rückgestaut werden und soll mit einem Überlauf ausgestattet sein, der am Ende eine Froschklappe haben muß.

Eine Quellfassung braucht in den meisten Fällen ein größeres Wasserschutzgebiet als ein Brunnen, da sie oft sehr oberflächennah liegt: d. h., auf eine gepflegte Umgebung ist zu achten. Ebenso muß die Umgebung im Umkreis von mindestens 20 m baum- sowie gebüschfrei gehalten werden.

Es ist darauf zu achten, daß oberhalb der Quellfassung, speziell im Einzugsbereich der Quelle, kein Sickerschacht, keine Düngersammelanlage, Müllhalde oder ähnliches ist.

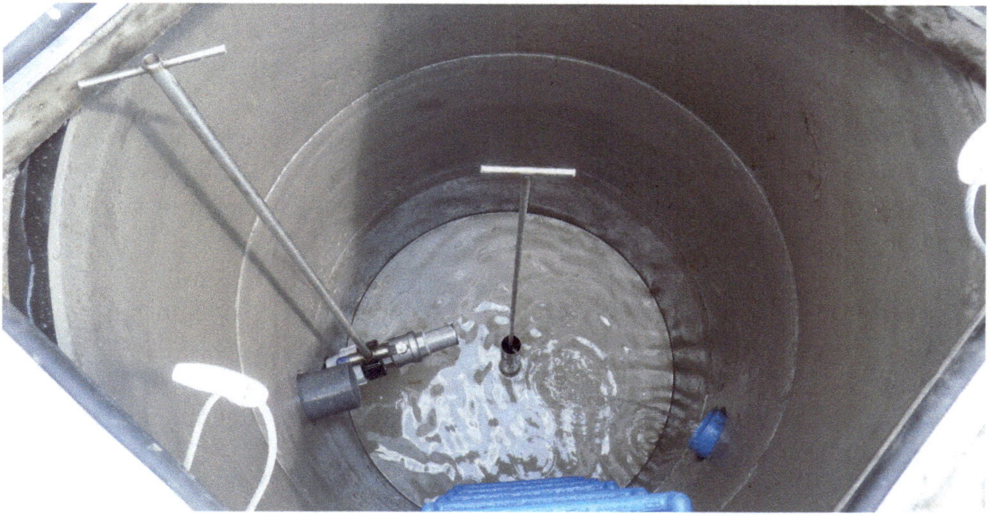

Quellsammelschacht für eine Quellfassung

BRUNNENRÜCKBAU

Alte, unbrauchbare oder nicht mehr genützte Brunnen und Schächte müssen fachgerecht rückgebaut werden.

Bei alten, baufälligen Brunnen, die mit Steinen oder Ziegeln ausgelegt sind und bei denen die Schachtwand bereits sehr stark beschädigt ist, besteht Einsturzgefahr.
Diese Brunnen für Kontroll- oder Sanierungsmaßnahmen zu befahren, ist verboten. Man kann von niemandem, auch nicht vom Mitarbeiter einer Brunnenbaufirma, verlangen, sich in eine solche Gefahr zu begeben.
In diesem Fall ist es vernünftiger, den alten Brunnen zu beseitigen und einen neuen zu errichten.

Der Brunnenstandort des baufälligen Brunnens muß eingemessen werden.

Alle technischen Einbauten sind soweit als möglich zu entfernen.

Wasserführende Schichten müssen mit Kies verfüllt und verschiedene Wasserhorizonte von einander getrennt werden. Beim Verfüllen und Verdichten des Brunnens ist auf die bestehenden Bodenschichten (soweit diese bekannt sind) Rücksicht zu nehmen.

Die oberen 1 – 2 m sind abzutragen und der Urzustand des Geländes ist wieder herzustellen. Achten Sie danach auf Setzungen des Bodens.

Der Rückbau und die eingesetzten Materialien sind zu dokumentieren bzw. aufzuzeichnen.

Brunnenrückbau (Gegenüberstellung)

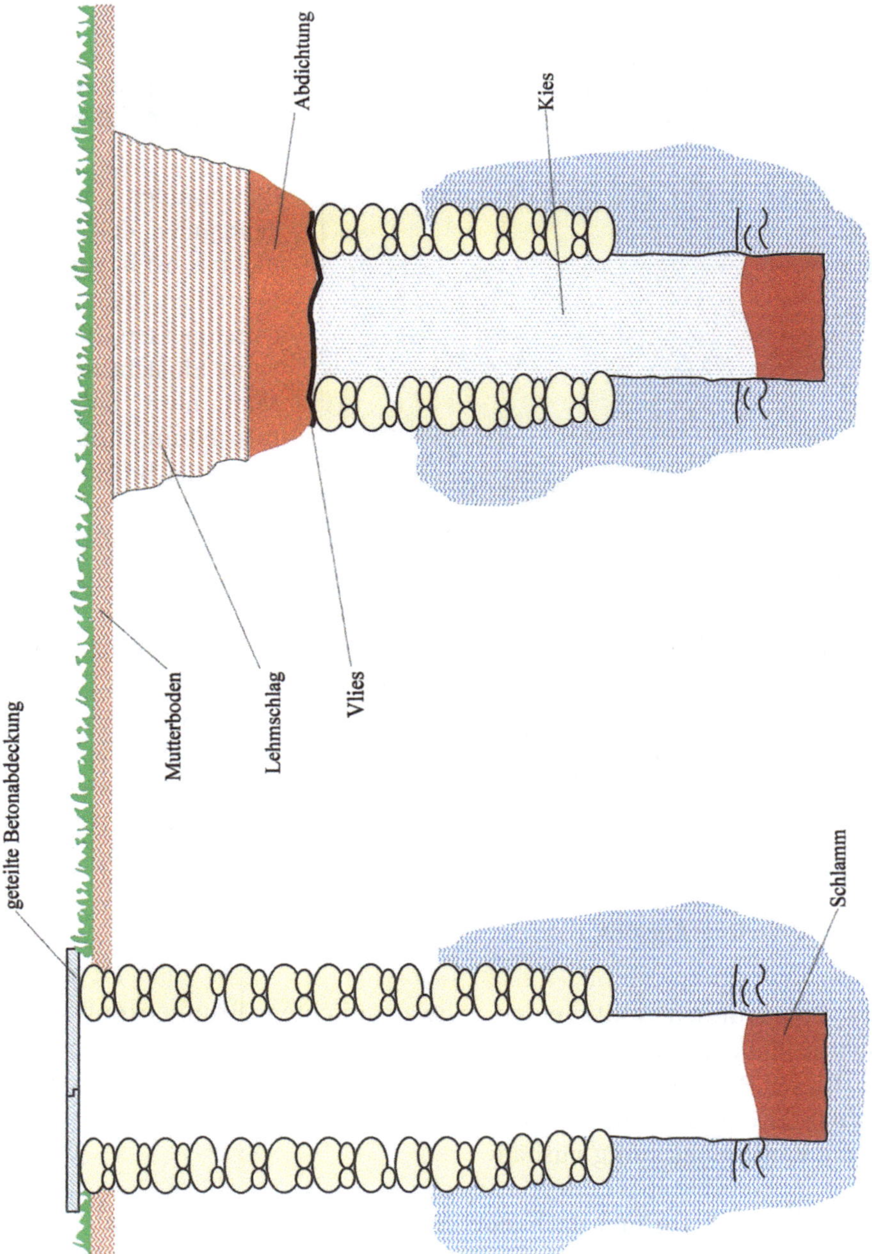

BOHRBRUNNEN

Für verockerte, anderweitig verkrustete oder versandete Bohrbrunnen gibt es verschiedene Regenerierungsmöglichkeiten.

Moderne Brunnenbohrgeräte

Bohrbrunnen kann man, ausgenommen den Vorschacht, nicht selbst begutachten und beurteilen, da aufgrund des Durchmessers und der Tiefe keine Einsicht möglich ist. Man muß die Zustandsbeurteilung und Sanierung von einer Brunnenbaufirma, die sich mit Bohrbrunnen beschäftigt, durchführen lassen.

Bei Vorschächten für Bohrbrunnen gelten die gleichen baulichen Regeln wie bereits in den Kapiteln „Brunnen und Schächte von außen" und „Brunnen und Schächte von innen" beschrieben.

Jeder Bohrbrunnen sollte einen tagwasserdichten Brunnenkopf als oberen Abschluß haben, der nicht mit den Filter- und Aufsatzrohren verbunden sein darf. Dieser Brunnenkopf muß in der Sohle des Vorschachtes so einbetoniert sein, daß er das Gewicht der Pumpe und des Steigleitungssystems tragen kann und die Betriebsbelastung aushält.

Es empfiehlt sich vor und nach jeder Sanierungsmaßnahme einen Pumpversuch durchzuführen, um den Regenerierungserfolg dokumentieren zu können.

Bohrbrunnen mit befahrbarer Schachtabdeckung

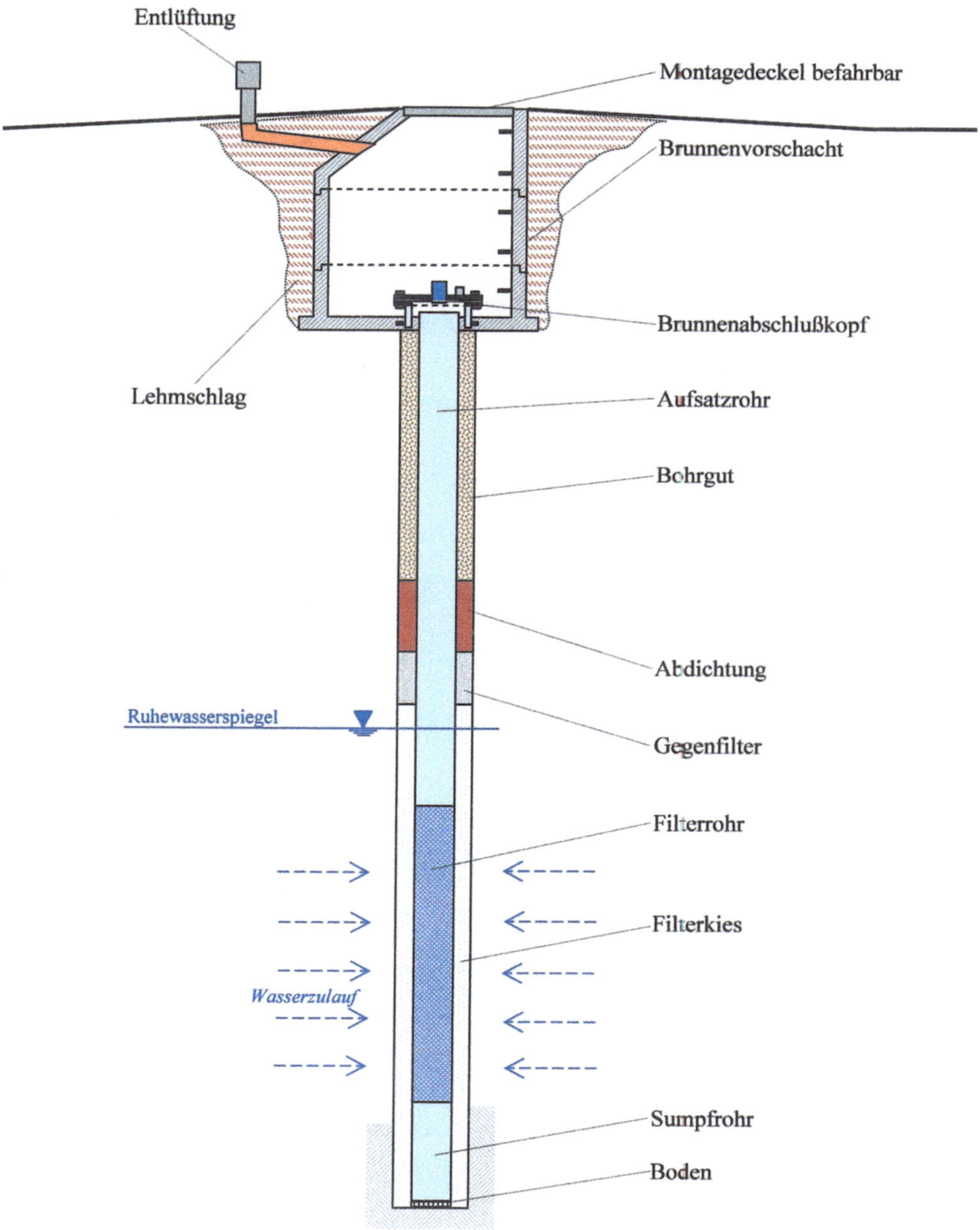

Bohrbrunnen mit begehbarer Schachtabdeckung

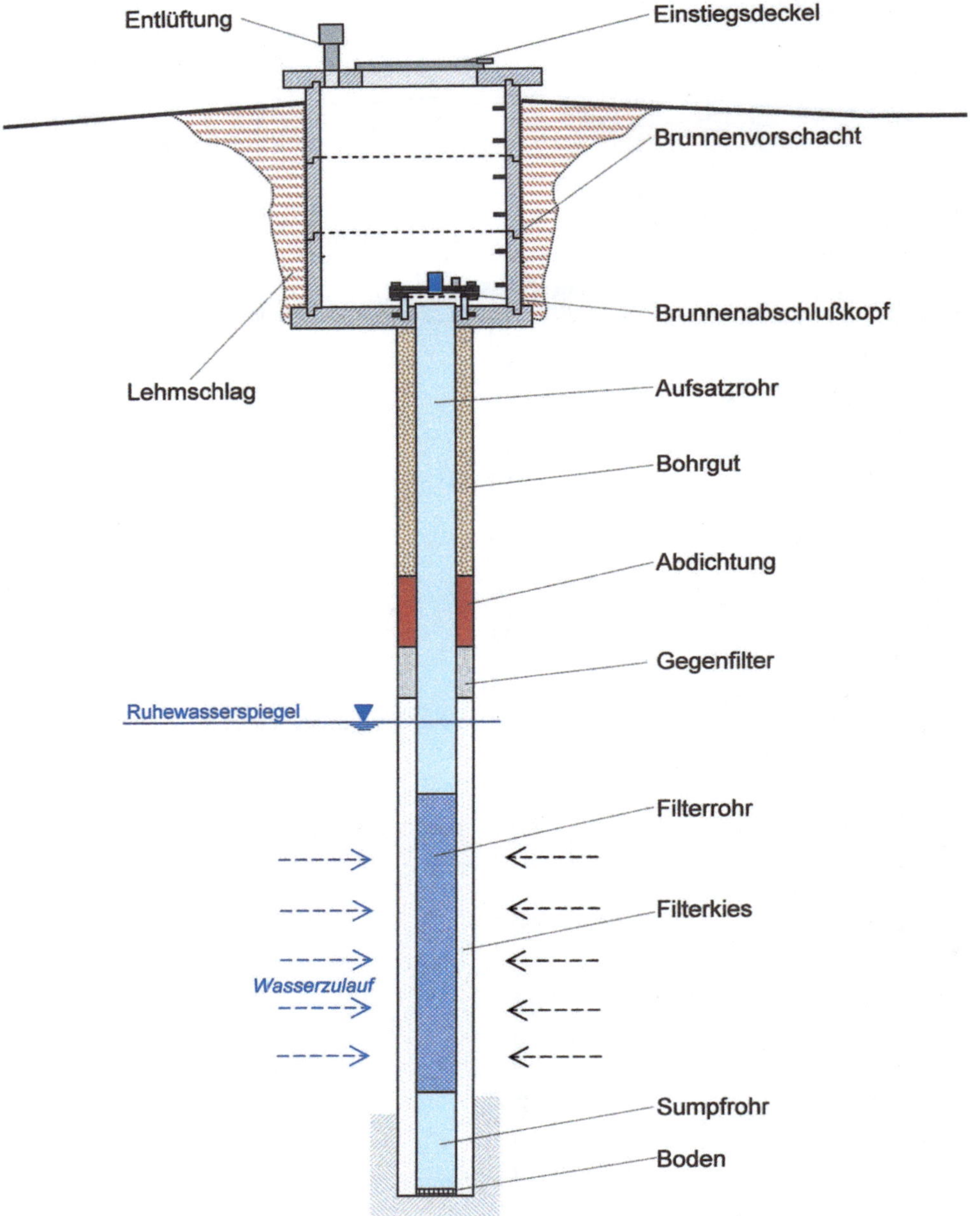

Schacht von innen mit Brunnenkopf und Membrankesselsteuerung

Eine Kamerabefahrung vor und nach der Regenerierung ist empfehlenswert, jedoch kostspielig und für normale Hausbrunnen eher unüblich.

Die Innenwandung des Bohrbrunnens wird mit Bürsten und/oder im Hochdruckwasserstrahl-Verfahren gesäubert.

Der Kies im Ringraum zwischen Bohrlochwand und Filterrohr kann mit einem sich auf- und abbewegenden Kolben oder mit einer mittels Manschetten abgedichteten Pumpe intensiv entsandet werden.

Die Pumpe ohne Rückschlagventil wird dabei in regelmäßigen Abständen aus- und eingeschaltet, damit die Wassersäule in der Steigleitung immer wieder zurückfließen kann und dabei den Filter rückspült.

Die ursprüngliche Endtiefe des Bohrbrunnens wird mittels Wasserspülung, Luftspülung oder dem Einsatz von Spezialpumpen wieder hergestellt.

Des weiteren gibt es speziell entwickelte Chemikalien zur Brunnenregenerierung, die Verockerungen oder andere Beläge lösen sowie Keime abtöten.

Eine chemische Reinigung (außer bei einer Brunnendesinfektion) ist nur in Kombination mit einer mechanischen Reinigung effektiv. Als Nachteil muß jedoch angeführt werden, daß der Alterungsprozeß des Brunnens bei Verwendung von Chemikalien beschleunigt wird und die Regenerierungsabstände immer kürzer werden. Bei sehr stark verkrusteten Bohrbrunnen gibt es allerdings oft keine andere Regenerierungsmöglichkeit, als Chemie einzusetzen.

In Gegenden mit standfesten Böden wurden aus Kostengründen bis Ende der 90er Jahre Bohrbrunnen im oberen Bereich nur mit einem Standrohr versehen (meistens mit einem Durchmesser von 200 – 250 mm), unten wurden sie naturbelassen bzw. blieben unverrohrt. In diesem Fall ist es empfehlenswert, den Brunnen behutsam zu reinigen und die Endtiefe wieder herzustellen, wie bereits beschrieben.

Ab einem Bohrdurchmesser von ca. 180 mm können nachträglich Filter- und Vollwandrohre sowie Verkiesungen und Abdichtungen bzw. Tonsperren eingebaut werden.
Es ist jedoch darauf zu achten, daß vor den Einbauarbeiten mit einem Kurzpumpversuch und eventuell einer Flowmetermessung (Strömungsmessung) der Wassereintritt und -zufluß festgestellt wird, um die Filterrohre und Abdichtungen richtig zu positionieren.

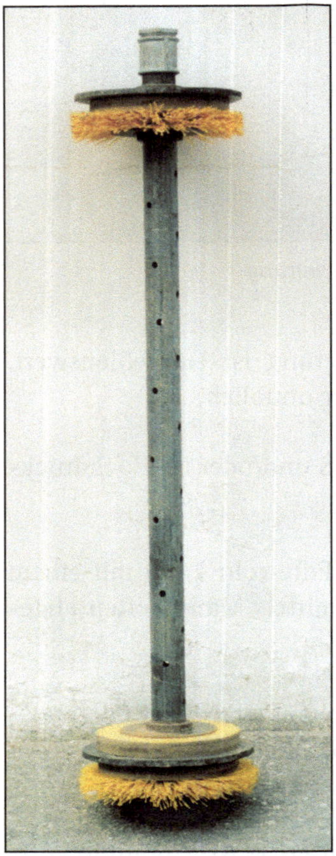

Reinigungsbürste für Bohrbrunnen

PUMP- UND FÖRDERANLAGE

Wenn der Brunnen augenscheinlich in Ordnung ist, aber die Qualität trotzdem zu wünschen übrig läßt, kann die Förderanlage fehlerhaft sein.

Falsch ausgelegte Pumpen, deren Förderleistung nicht optimal auf Wasserzulauf und Wasserbedarf abgestimmt ist, verursachen Schäden am Brunnen. Man denke an zu hohe Strömungsgeschwindigkeiten beim Zulauf sowie zu tiefes Absenken des Wasserspiegels. Außerdem verursacht eine zu groß ausgelegte Pumpe unnötig hohe Stromkosten und ist bei der Anschaffung teurer.

Auf die richtige Einbautiefe der Pumpe ist zu achten. Bei Bohrbrunnen muß die Pumpe in einem Vollrohrabschnitt positioniert sein.

Windkesselbetriebene Anlagen mit Belüfterrückschlagventil und Luftwart sind zwar technisch einwandfrei, es handelt sich hier aber um ein Anlagensteuerungssystem, in dessen Leitungen sich Luft befindet. Diese beschleunigt die Keimbildung, löst Korrosion in der Anlage aus, und es können Ausflockungen und Verfärbungen im Wasser auftreten, was speziell bei erhöhtem Eisen-Mangangehalt des Wassers der Fall sein kann.
Beim Einsatz einer Förderanlage mit Membrankessel ist die Wahrscheinlichkeit des Auftretens solcher Probleme bedeutend kleiner.

Jede Pumpenanlage sollte eine Niveausteuerung bzw. Wassermangelsicherung im Brunnen eingebaut haben. Sie dient nicht nur dem Schutz der Pumpe, sondern schützt den Brunnen auch vor Überbelastung. Filterrohre im Brunnen sollten nicht belüftet bzw. der Wasserspiegel darf nicht zu tief abgesenkt werden.

Ein Wasserzähler ist empfehlenswert, da er bei einer Mängel- und Fehlersuche sehr hilfreich sein kann. Der tatsächliche Wasserverbrauch kann außerdem bei Wasserbedarfsermittlungen für die Auslegung von Wasseraufbereitungsanlagen und Reservoirs berücksichtigt werden.

Pumpendimensionierungen und Steuerungen sollten von einem Brunnenbauer ausgearbeitet werden, da nur er in der Lage ist, auf die Brunnencharakteristik einzugehen.

Versorgungsanlage mit Windkessel

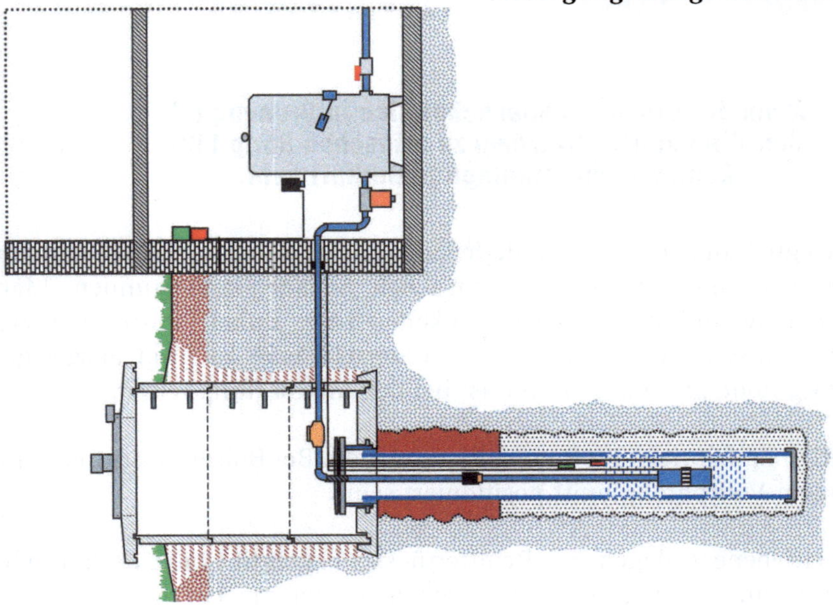

Versorgungsanlage mit Membrankessel

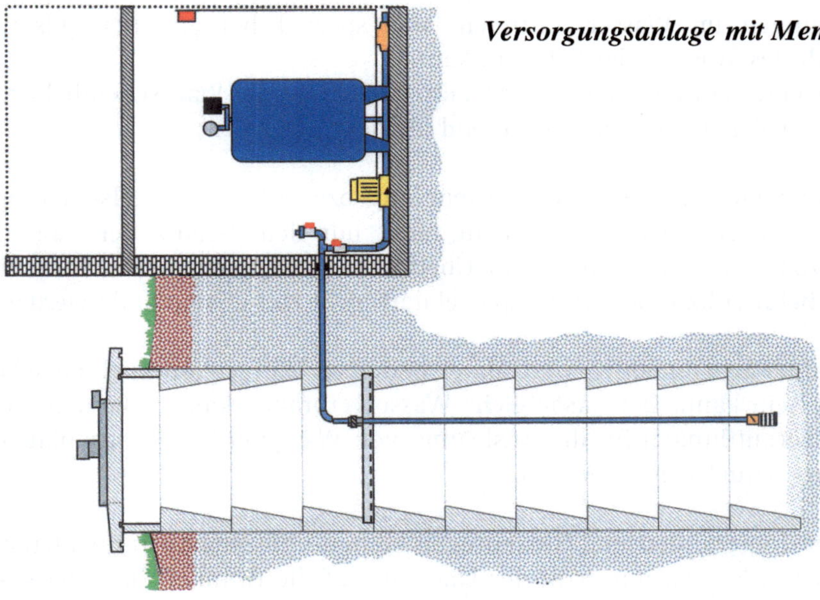

BRUNNENBEEINFLUSSUNG DURCH GEOLOGIE UND UMWELT

Selbst die beste, nach allen Vorschriften errichtete Brunnenanlage kann die gewünschte Qualität und Menge des Wassers nicht immer garantieren.

Bei Förderung einer zu geringen Wassermenge oder ungünstiger Wasserqualität sollte man, sofern kein sichtbarer Baumangel besteht, eigene Informationen und Erkenntnisse (z. B. Wasserbefund) mit denen der Nachbarn vergleichen, um festzustellen, ob der Grundwasserhorizont generell in Ordnung bzw. ob genug Wasser im Boden vorhanden ist. Außerdem kann man bei folgenden Ämtern und Behörden Informationen einholen: Gemeindeamt, Bezirkshauptmannschaft (Wasserrechtsabteilung), Landesregierung (Hydrologische Abteilung), Wasseruntersuchungsanstalten und, nicht zu vergessen, bei Brunnenbaufirmen und Geologen.

Man sollte Ausschau halten, ob in der näheren Umgebung ein Umweltverschmutzungsherd besteht, der die Wasserqualität beeinträchtigt. Mittels eines Wasserbefundes kann man eventuell den Verschmutzungstatort zuordnen oder suchen bzw. mit Gewißheit feststellen, ob der Grundwasserhorizont selbst eine unzufriedenstellende Wasserqualität hat. Autorisierte Wasseruntersuchungsanstalten haben Erfahrungswerte und werden den Brunnenbesitzer am ehesten beraten können.

Bei schlechter Wasserqualität des bisher gefaßten Aquifers (wasserführende Schicht) kann auf andere Wasserhorizonte gebohrt werden, sofern Grundwasser in tieferen Ebenen vorhanden ist. Es ist unbedingt darauf zu achten, daß mehrere Grundwasserhorizonte nicht verbunden werden dürfen. Ein Brunnen darf laut Wasserrechtsgesetz nur aus einer wasserführenden Schicht schöpfen. Sollte der Brunnen artesisch werden, d. h., er läuft über, ist dies auf jeden Fall bei der Bezirkshauptmannschaft bzw. bei der Wasserrechtsbehörde zu melden.

Bodenschichtenverzeichnis

Bohrunternehmung :	Auftraggeber :	Bauvorhaben :	Aufschluß :
Fa. Ludwig Bachner Ges. m. b. H. 1 Str. 36 A - 3331 Kematen / Ybbs	Max Musterman Musterstraße 48 A - 0000 Musterdorf	Förderbrunnen	Bohrung 1
Geräteführer : Bohrmeister	Geotech. Bearb. :	Beginn : 00.00.0000 | Neigung : 0,00	Maßstab 1:70
Zeichner : Tehniker	begutachtet am :	Ende : 00.00.0000 | Richtung : 0,00	Koord :

1	2	3	4	5	6	7	8	9	10	11	12
Aufschlußart Werkzeug/Verrohrung	Tiefe ab GOK	Höhe absolut GOK: 0,00 m ü.A	Zeichnerische Darstellung: Wasser-beobachtung	Zeichnerische Darstellung: Gesteins-art	Gest. zust. L K V Z	Trennflächen	Benennung und Beschreibung der Gesteinsarten und des Gefüges (Symbol und/oder Langtext)	Proben Kerngewinn	Versuche Messungen im Aufschluß	Bohrloch-ausrüstung	Ergänzende Eintragungen durch den geotech. Bearb. Ausarbeitungen und Anmerkungen (z.B. Ergebnisse von Feld- und/oder Laborversuchen)
SB DB LS HM 219	5,00	-5,00					Schluff, sandig, braun			4,00	
	5,30	-5,30	5,30 GW								
	7,50	-7,50					Ton, Schluff, sandig, braun			7,00	
	14,00	-14,00					Kies, sandig, braun			13,00	
	14,50	-14,50					Sand, kiesig, braun				
	18,00	-18,00					Kies, sandig, braun			Filter DN115 1mm	
	19,00	-19,00					Sand, braun			19,00	
20,00	20,00	-20,00					Ton, grau			20,00 20,00	

Mittels Bohrung vertiefter Schachtbrunnen mit begehbarer Abdeckung

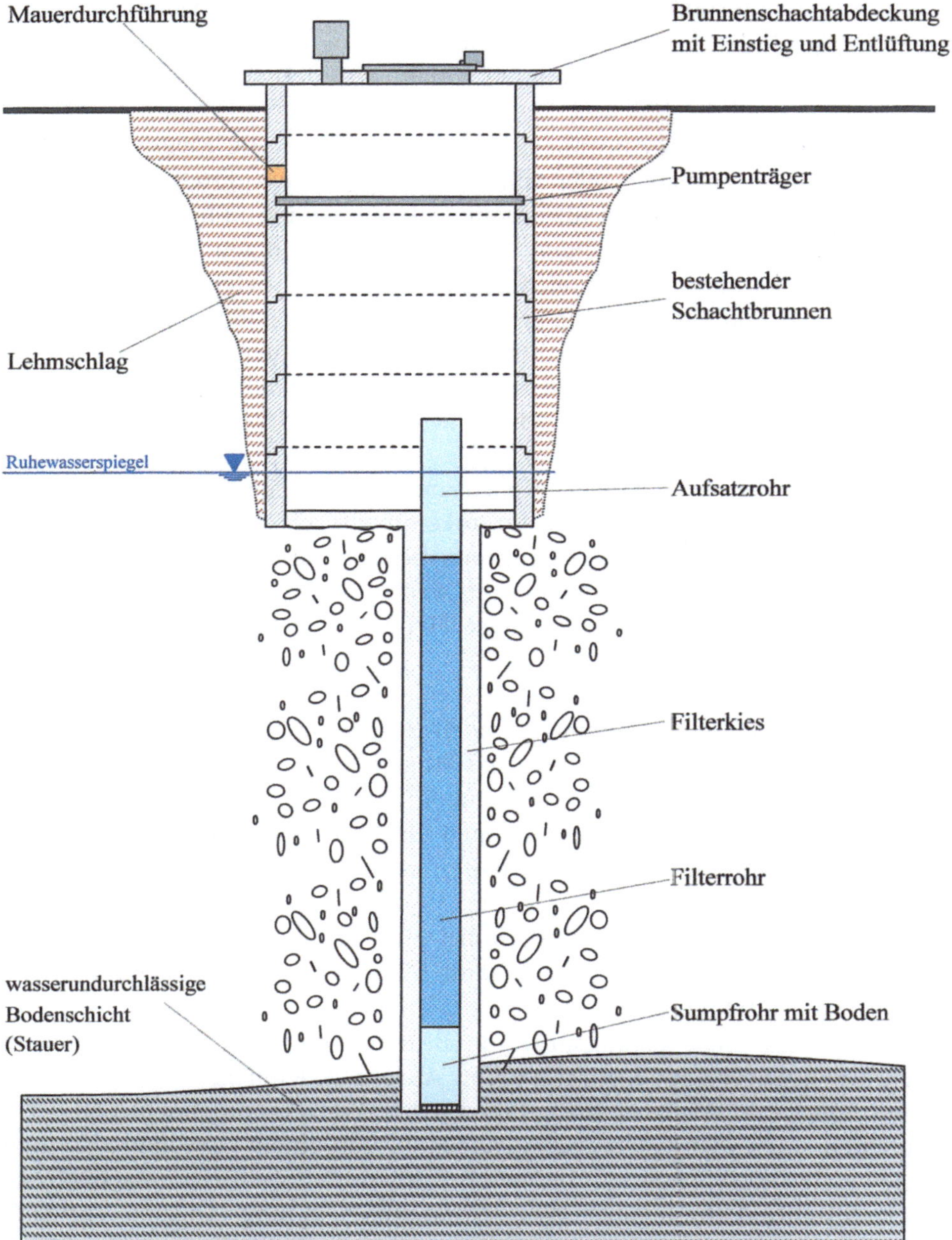

Sollte die Wassermenge ausreichend, jedoch von schlechter Qualität sein, gibt es Wasseraufbereitungsanlagen, die das Wasser reinigen bzw. verwendbar machen. Allerdings sind hier genaue Wasserbedarfsermittlungen (siehe Beispiel Seite 46) und Wasserbefunde zur Auslegung der Anlage erforderlich.

Ist die Ergiebigkeit eines Brunnens zu gering, gibt es die Möglichkeit, einen zweiten Brunnen zu bauen oder eine Brunnenvertiefung durchzuführen. Beim Bau von neuen Hausbrunnen für private Nutzung genügt in den meisten Fällen eine Bauanzeige beim zuständigen Gemeindeamt, in einigen Bundesländern ist ein Baubewilligungsverfahren einzuleiten. Wenn auf tiefere Wasserhorizonte abgeteuft wird, gilt auch hier die gesetzliche Regelung, daß mehrere wasserführende Schichten in einem Brunnen nicht verbunden werden dürfen. Die Nutzung von Tiefengrundwässern und artesischen Wasservorkommen ist auf jeden Fall bewilligungspflichtig – auch für private Schöpf- und Nutzzwecke.

Bei Tiefengrundwässern handelt es sich um unabhängige Wasserhorizonte, die nicht direkt mit der Tiefe des Wasservorkommens zu tun haben. Man versteht darunter Wässer, die kaum mit dem natürlichen Grundwasserkreislauf zusammenhängen und sich nur sehr langsam, wenn überhaupt, erneuern. Man kann z. B. mit einer Isotopen-Wasseranalyse (Tritium, Sauerstoff-18) Tiefengrundwässer nachweisen.

Bei artesischen Wasservorkommen handelt es sich um gespanntes Grundwasser, d. h., der Brunnen läuft selbst über, das Wasser tritt ohne Pumpe zu Tage. Hier werden meistens nur spezielle Maßnahmen (dichter Brunnenkopf bzw. dichter Bohrungsabschluß) von der zuständigen Behörde vorgeschrieben, damit der Brunnen nicht ununterbrochen überlaufen kann.

Im Falle einer Brunnenvertiefung, wobei eine tiefere wasserführende Schicht aufgeschlossen wird, muß mit der Behörde Rücksprache gehalten werden, ob ein Wasserrechtsverfahren erforderlich ist.
Sollten Sie als Entscheidungshilfe, ob Brunnenvertiefung oder Neubohrung, einen Rutengänger bzw. Radiästheten in Anspruch nehmen, so handelt es sich immer um eine Wassermutung (vermutetes Wasservorkommen). Es ist zu empfehlen, auch hydrogeologische Gutachten von einem Geologen einzuholen sowie bei den einschlägig zuständigen Behörden und Fachfirmen nachzufragen, welche Erfahrungswerte über Wasservorkommen in Ihrer Gegend vorhanden sind. Sie können auch in Ihrer näheren Umgebung mit den Nachbarn und Anrai-

nern Gespräche führen, wie deren Wasserversorgung aufgebaut ist bzw. wie tief deren Brunnen sind und ob sie problemlos funktionieren.

Man muß allerdings ausdrücklich darauf hinweisen, daß die Risiken hinsichtlich der Wassermenge, Wasserqualität bzw. einer generellen Fehlbohrung sowie deren Kosten immer den Auftraggeber treffen.
Geologen, Brunnenbaufirmen, Wasserrechtsbehörden oder Rutengänger können nicht für die Kosten bei eventuell möglichen Fehlbohrungen oder anderen Baumaßnahmen in Sachen Wassergewinnung herangezogen werden, auch dann nicht, wenn sie für Ihren speziellen Zweck eine eventuell notwendige wasserrechtliche Bewilligung nicht durchsetzen können.

Weiters gibt es bei einer zu geringen Ergiebigkeit eines Brunnens noch die Möglichkeit, mit einem Reservoir Abhilfe zu schaffen. Zur Auslegung der richtigen Reservoirgröße muß auf jeden Fall ein Pumpversuch bzw. Brunnentest durchgeführt werden. Auch eine genaue Wasserbedarfsermittlung ist erforderlich.

Brunnentestdiagramm

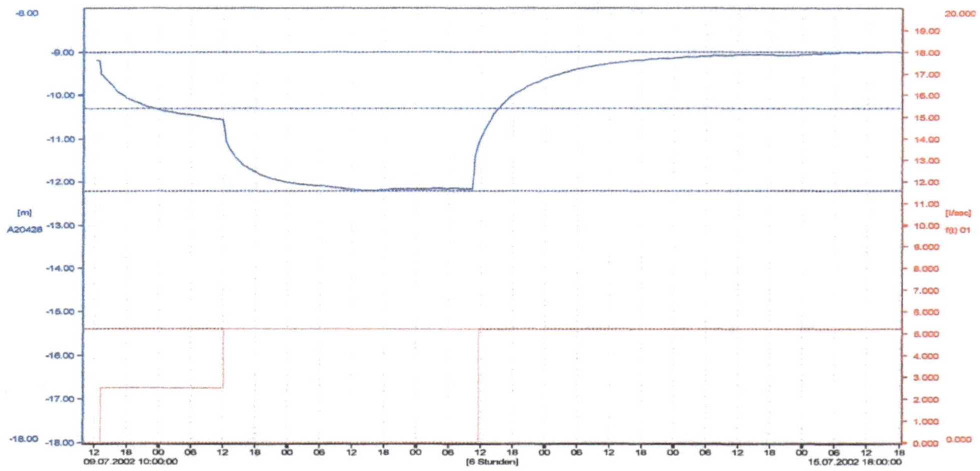

Wasserbedarfs-ermittlung
(Muster)

WASSERBEDARFSERMITTLUNG

Anlage: ***BRUNNENBESITZER***
Ortschaft: ***Brunnwiesen***
Gemeinde: ***Brunnwiesen***
Pol. Bezirk: ***Melk***

Anzahl d. Häuser ***1***
Zweitanschlüsse ***0***

WASSERVERBRAUCHER	Einheiten	MITTLERER BEDARF		MAXIMALER BEDARF Steigerung 50%	
		Verbrauch	Gesamtverbrauch	Verbrauch	Gesamtverbrauch
Erwachsene	***2 Pers.***	120,00 l/Pers.	***240,00 l/d***	180,00 l/Pers.	***360,00 l/d***
Rasenfläche (Hausgarten)	***350 m²***	1,00 l/m²	***350,00 l/d***	1,50 l/m²	***525,00 l/d***
Großvieh (Pferd, Rind)	***25 Stk.***	50,00 l/Stk.	***1.250,00 l/d***	75,00 l/Stk.	***1.875,00 l/d***
Kleinvieh (Schaf, Ziegen)	***50 Stk.***	10,00 l/Stk.	***500,00 l/d***	15,00 l/Stk.	***750,00 l/d***
Geflügel (Hühner)	***500 Stk.***	0,50 l/Stk.	***250,00 l/d***	0,75 l/Stk.	***375,00 l/d***
GEGENWÄRTIGER TAGESBEDARF		***2,59*** m³/d ***1,80*** l/min		***3,89*** m³/d ***2,70*** l/min	
ZUKÜNFTIGER TAGESBEDARF Steigerung um …***50***….%		***3,89*** m³/d ***2,70*** l/min		***5,84*** m³/d ***4,10*** l/min	
ZUKÜNFTIGER MAXIMALER STUNDENBEDARF 17 % des max. Tagesbedarfes			***0,66*** m3/h	***11,00*** l/min	
MITTLERER JAHRESBEDARF		Gegenwärtig x 365 Tage Zukünftig x 365 Tage	***945,00*** m³/Jahr ***1.420,00*** m³/Jahr		

ÖLVERSCHMUTZUNG IM BRUNNEN

Bei einer Ölverschmutzung des Brunnens, z. B. ausgelöst durch Hochwasser, ist höchste Eile geboten!

Im Notfall ist es ratsam, die ortsansässige Feuerwehr um Hilfe zu bitten, die auch die notwendigen Ölbindemittel und Pumpen zur Verfügung stellen kann.

Wenn Öl in den Brunnen gelangt ist, sollte als erster Schritt das Öl im Brunnen abgeschöpft oder mittels eines kleinen Ölskimmers bzw. Schwimmsaugers die Oberfläche abgepumpt werden (bei größeren Mengen über einen Ölabscheider, um Entsorgungskosten zu sparen). Öl-Wassergemische sind grundsätzlich gefährliche Abfälle und müssen entsprechend entsorgt werden!

Anschließend können Ölbindemittel bzw. Reinigungsmittel, die das Öl biologisch abbauen, zur Anwendung kommen. Vor Einsatz aller Produkte ist selbstverständlich deren Gebrauchsanweisung zu beachten sowie die Trinkwasserunbedenklichkeit zu kontrollieren.

Flüssige biologische Ölbindemittel, die für Brunnen am besten geeignet sind, werden mit einem Hochdruckreiniger oder mit einem Drucksprühgerät an die Brunnenwand bzw. auf die Wasseroberfläche aufgesprüht. Das Öl wird von diesen Mitteln zersetzt und biologisch abgebaut.
Danach ist es jedoch notwendig, den Brunnen klarzupumpen. Dieser Vorgang ist mehrmals zu wiederholen, um auch die äußere Umgebung des Brunnens reinzuspülen. Auf keinen Fall darf der Brunnen vor der Anwendung solcher Mittel desinfiziert werden.

Sollte durch Hochwasser oder aus anderen Gründen die Kontamination (Verbindung mit Öl) im äußeren Umfeld des Brunnens so groß sein, daß diese Methode nicht ausreichend ist, muß von Fachleuten ein Umweltsanierungskonzept erstellt werden, das beispielsweise die Errichtung von Sperrbrunnen zum großflächigen Abpumpen, Bodenaustausch oder Boden-Luft-Absaugung usw. vorsieht.

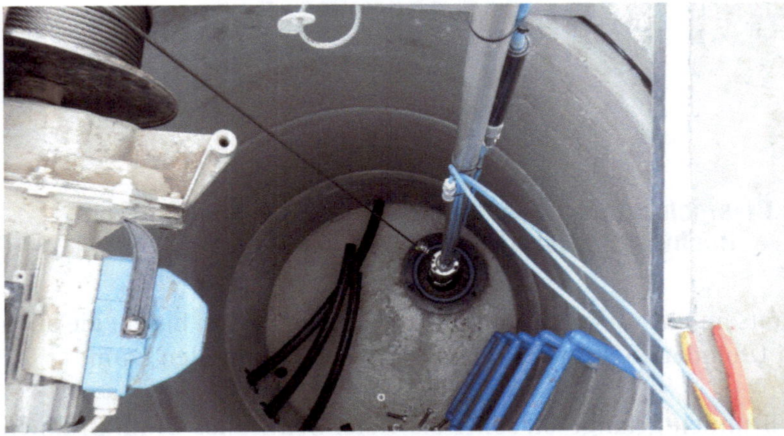

Montagearbeiten einer Unterwasserpumpe in einem neuen Bohrbrunnen

Sanierter Schachtbrunnen

Neue Pumpenanlage in einem sanierten Brunnenschacht

ERKLÄRUNGEN UND CHECKLISTE ZUR BRUNNENÜBERPRÜFUNG

Auf den folgenden Grafiken und Bildern sind die einzelne Funktionsteile und ihre örtliche Zuordnung unterschiedlicher Wasserversorgungsanlagen dargestellt.

Bohrbrunnen (befahrbar) mit Unterwasserpumpe und Windkesselanlage

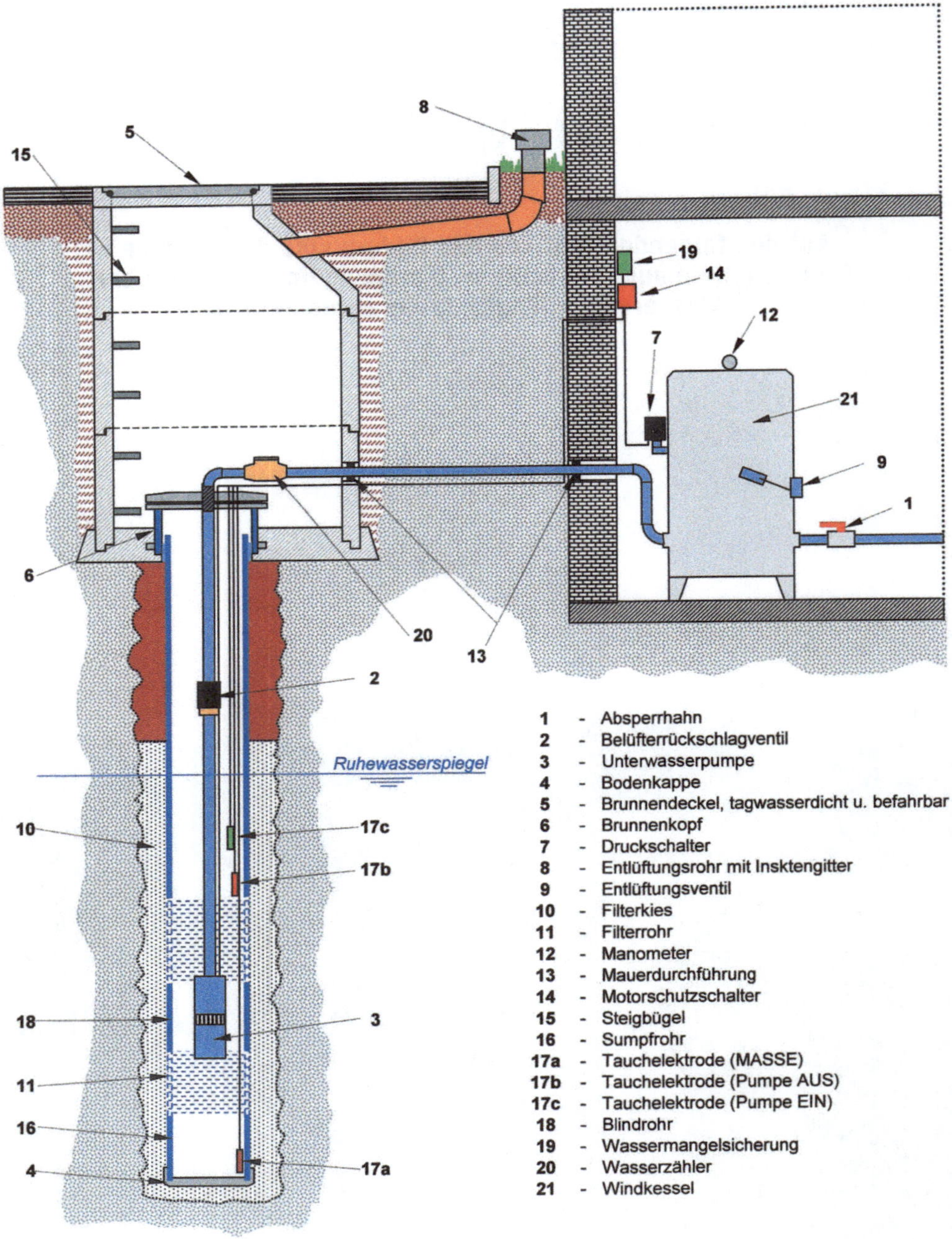

1 - Absperrhahn
2 - Belüfterrückschlagventil
3 - Unterwasserpumpe
4 - Bodenkappe
5 - Brunnendeckel, tagwasserdicht u. befahrbar
6 - Brunnenkopf
7 - Druckschalter
8 - Entlüftungsrohr mit Insktengitter
9 - Entlüftungsventil
10 - Filterkies
11 - Filterrohr
12 - Manometer
13 - Mauerdurchführung
14 - Motorschutzschalter
15 - Steigbügel
16 - Sumpfrohr
17a - Tauchelektrode (MASSE)
17b - Tauchelektrode (Pumpe AUS)
17c - Tauchelektrode (Pumpe EIN)
18 - Blindrohr
19 - Wassermangelsicherung
20 - Wasserzähler
21 - Windkessel

Bohrbrunnen mit Unterwasserpumpe und Windkesselanlage

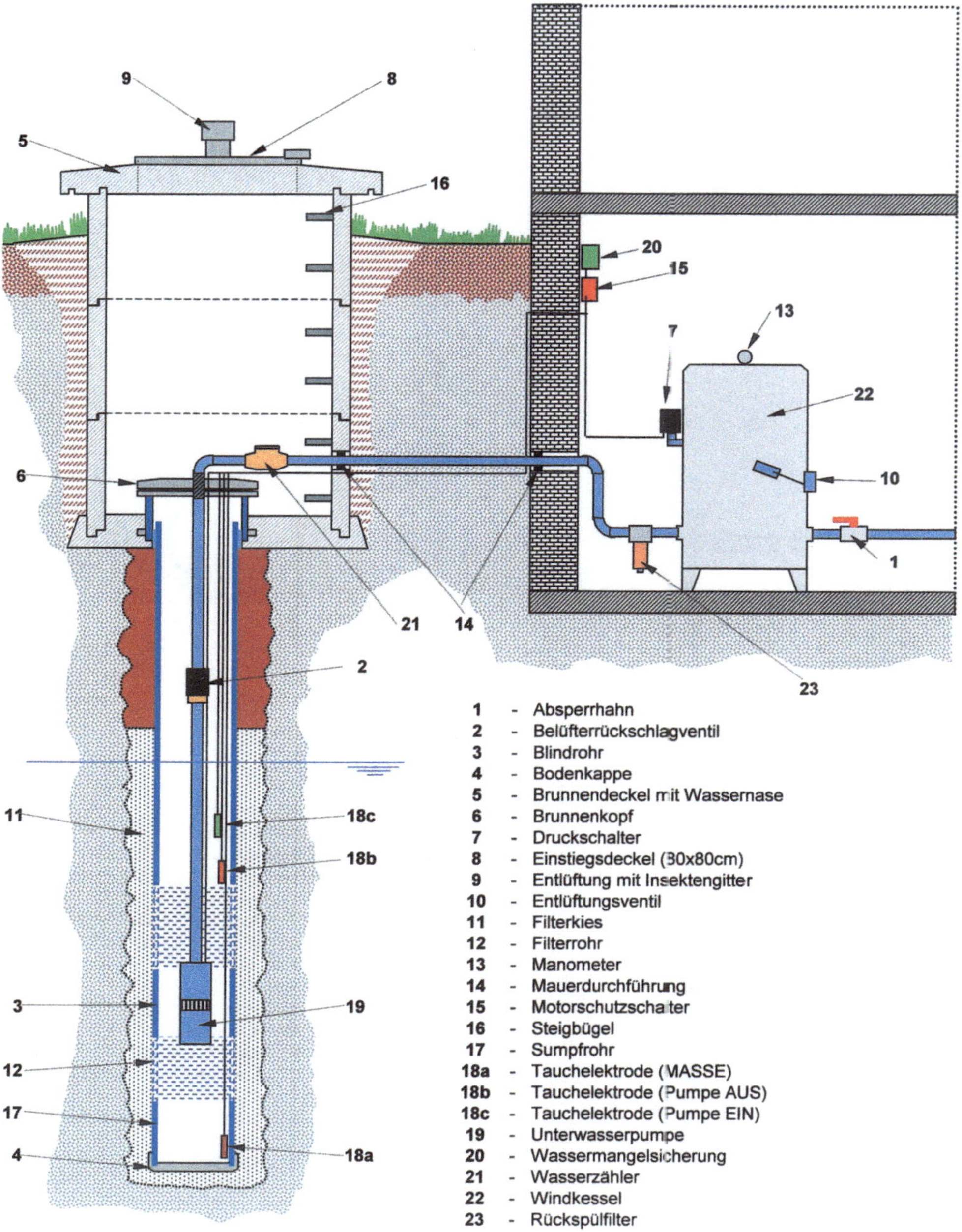

1	-	Absperrhahn
2	-	Belüfterrückschlagventil
3	-	Blindrohr
4	-	Bodenkappe
5	-	Brunnendeckel mit Wassernase
6	-	Brunnenkopf
7	-	Druckschalter
8	-	Einstiegsdeckel (80x80cm)
9	-	Entlüftung mit Insektengitter
10	-	Entlüftungsventil
11	-	Filterkies
12	-	Filterrohr
13	-	Manometer
14	-	Mauerdurchführung
15	-	Motorschutzschalter
16	-	Steigbügel
17	-	Sumpfrohr
18a	-	Tauchelektrode (MASSE)
18b	-	Tauchelektrode (Pumpe AUS)
18c	-	Tauchelektrode (Pumpe EIN)
19	-	Unterwasserpumpe
20	-	Wassermangelsicherung
21	-	Wasserzähler
22	-	Windkessel
23	-	Rückspülfilter

Schachtbrunnen mit Oberwasserpumpe und Membrankesselanlage

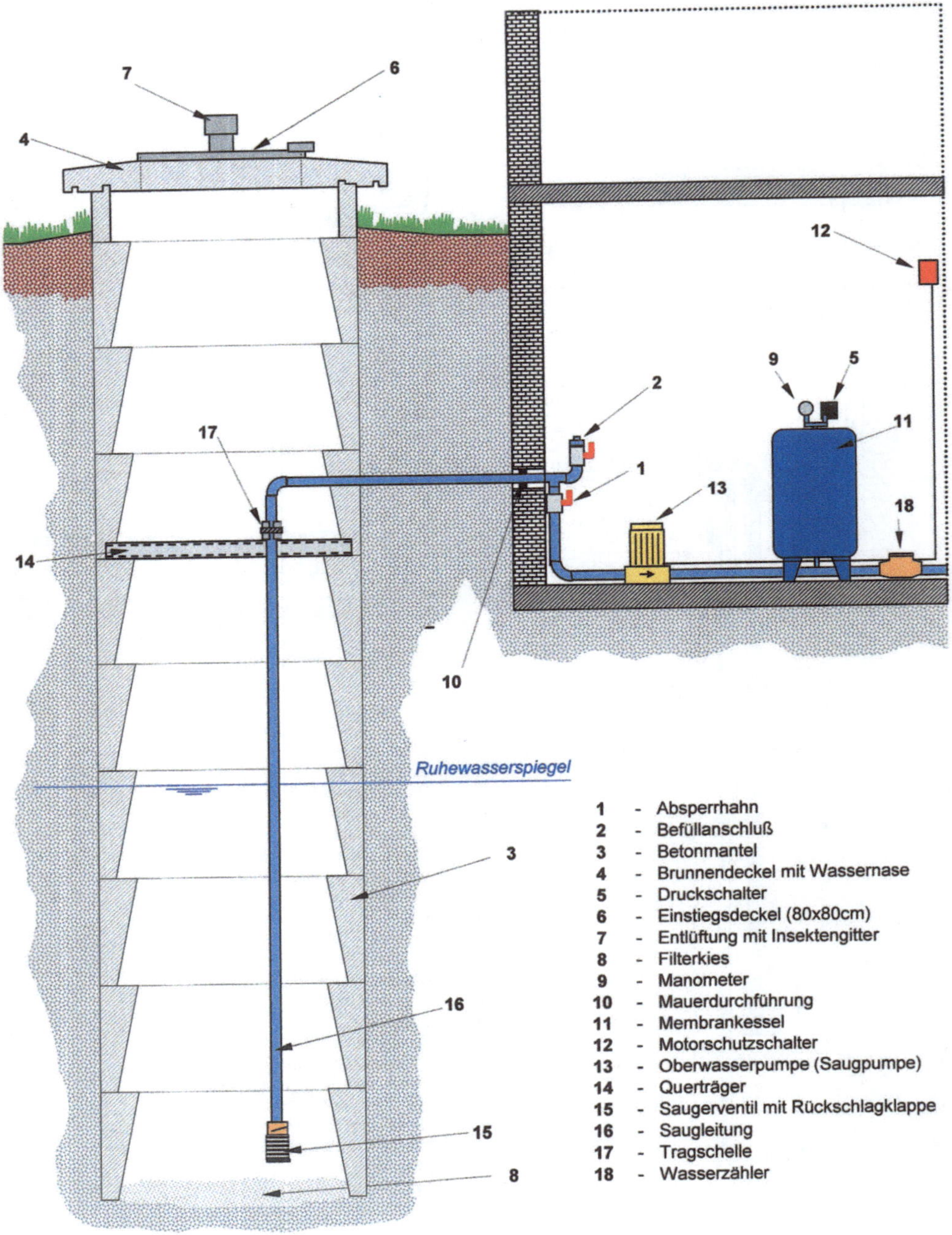

1 - Absperrhahn
2 - Befüllanschluß
3 - Betonmantel
4 - Brunnendeckel mit Wassernase
5 - Druckschalter
6 - Einstiegsdeckel (80x80cm)
7 - Entlüftung mit Insektengitter
8 - Filterkies
9 - Manometer
10 - Mauerdurchführung
11 - Membrankessel
12 - Motorschutzschalter
13 - Oberwasserpumpe (Saugpumpe)
14 - Querträger
15 - Saugerventil mit Rückschlagklappe
16 - Saugleitung
17 - Tragschelle
18 - Wasserzähler

Schachtbrunnen mit Oberwasserpumpe und Windkesselanlage

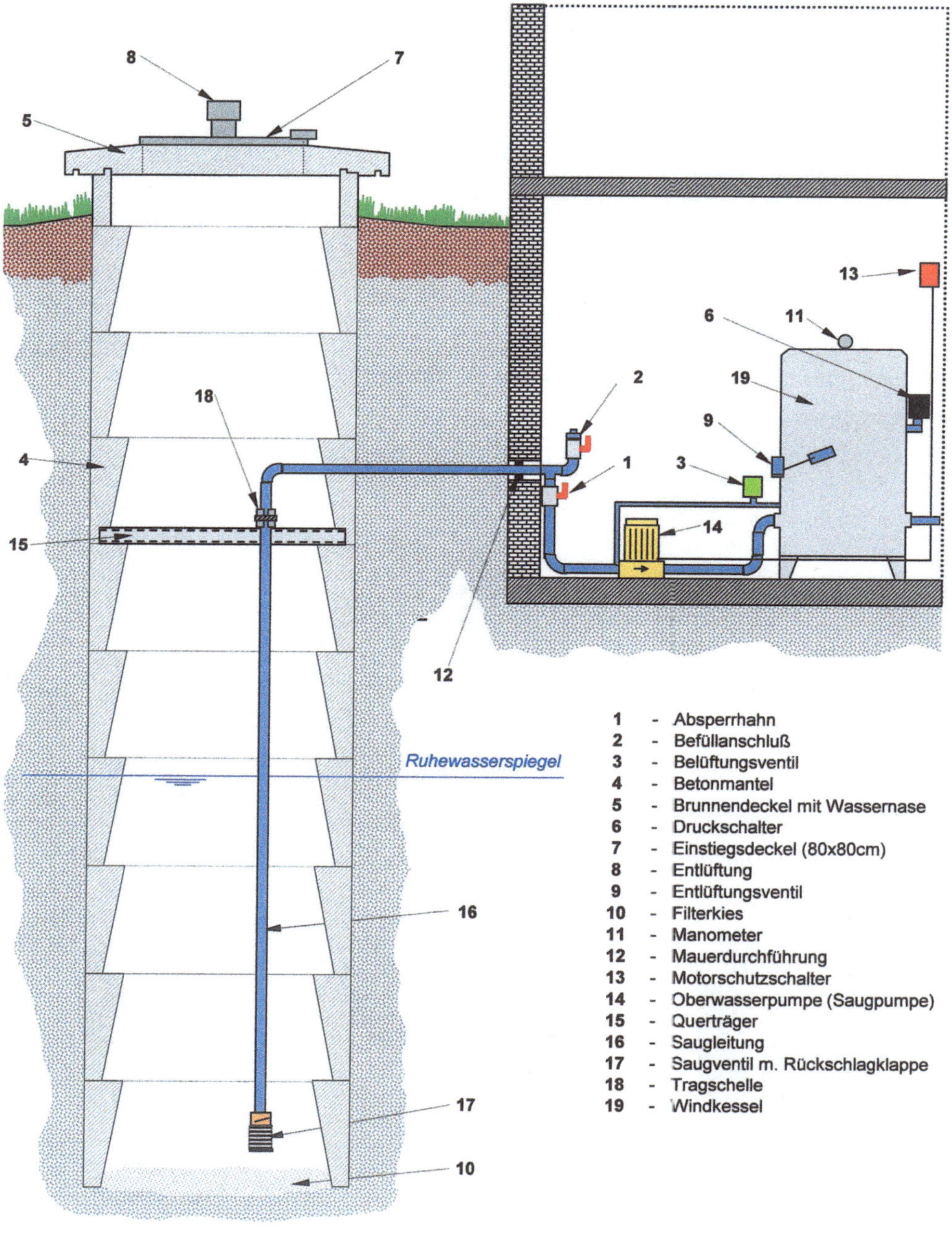

1 - Absperrhahn
2 - Befüllanschluß
3 - Belüftungsventil
4 - Betonmantel
5 - Brunnendeckel mit Wassernase
6 - Druckschalter
7 - Einstiegsdeckel (80x80cm)
8 - Entlüftung
9 - Entlüftungsventil
10 - Filterkies
11 - Manometer
12 - Mauerdurchführung
13 - Motorschutzschalter
14 - Oberwasserpumpe (Saugpumpe)
15 - Querträger
16 - Saugleitung
17 - Saugventil m. Rückschlagklappe
18 - Tragschelle
19 - Windkessel

Brunnenfilterrohr aus PVC

Brunnenrohr mit Boden PVC

Filterkies

Tonabdichtung (Quellton)

Druckschalter

Unterwasserpumpe

Wassermangelrelais

Brunnenkopf aus PVC

Wasserzähler

Windkessel

Membrankessel

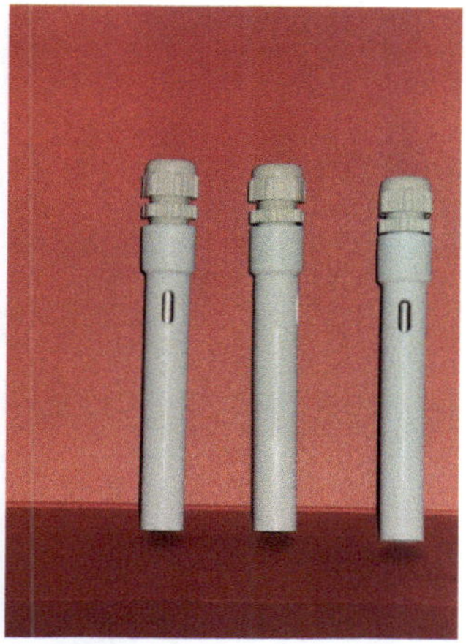

Wassermangelelektroden

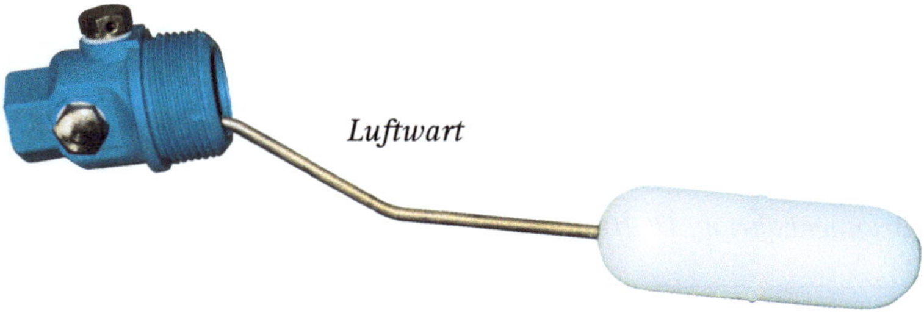

Luftwart

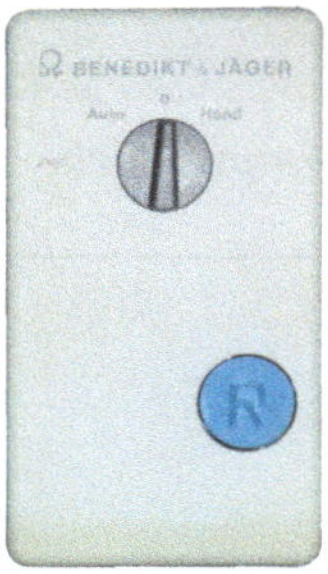

Motorschutzschalter

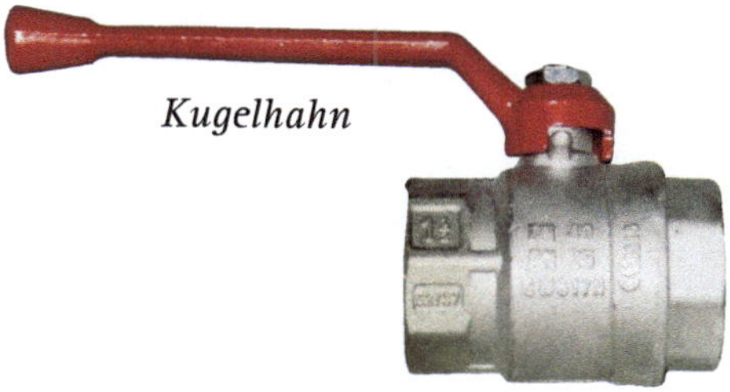

Kugelhahn

Oberwasserpumpe

Manometer

Brunnenbohrung Ø620 mm

Brunnenbaustelle mit Pumpversuch

Brunnenbohrung Ø900 mm beim Filterrohr einsetzen

Brunnenbohrung Ø720 mm mit kleiner Drehbohranlage

CHECKLISTE

Wenn die Wasserversorgungsanlage nicht oder mangelhaft funktioniert

Die auf den folgenden Seiten angeführte Checkliste enthält die am häufigsten auftretenden Fehler und Mängel. Jeden Mangel zu erfassen, ist auf Grund der Unterschiedlichkeit der verschiedenen Wasserversorgungsanlagen nicht möglich.

Reparaturen und Einstellungen dürfen nur von den aufgeführten Professionisten (siehe Legende unten und Tabellenspalte ganz rechts) durchgeführt werden.

Legende für die Tabellenspalte ganz rechts (Prof.):

B = Brunnenbauer

I = Installateur

E = Elektriker

S = Selbst durchführen

W = Wasseruntersuchungsanstalt

SYMPTOM	FEHLERMÖGLICHKEIT	✔	MASSNAHMEN	PROF.
Es kommt kein Wasser aus dem Wasserhahn. ?	Pumpe wurde ausgeschaltet		Pumpe einschalten	S
	Pumpe schaltet nicht ein		Sicherungen überprüfen	S;E
			FI einschalten	S;E
			Motorschutzschalter überprüfen	S;E
			Druckschalter überprüfen	S;E
			Wassermangelsicherung überprüfen	S;E
			Anlage elektrisch überprüfen	E
			Andere elektrische Geräte auf Funktion prüfen	S
			Stromversorgungsbetrieb anrufen	S
			Stromausfall abwarten	S
			Siehe Fehlermöglichkeit „Wassermangel"	S
	Pumpenmotor oder Pumpe ist kaputt bzw. zu stark abgenützt		Pumpe austauschen	B;I;E
			Pumpenmotor austauschen	B;I;E
			Steigleitung reinigen oder erneuern	B;I
			Brunnen desinfizieren	B
			Leitungssystem desinfizieren	B
			Wasseruntersuchung	W
	Falsche Drehrichtung der Pumpe		Elektrische Phasen wenden	E
	Vorfilter bzw. Papierfilter im System ist verstopft		Filter rückspülen*	S
			Filter reinigen*	S
			Filtergewebe austauschen*	S
			Filter erneuern* (*lt. Gebrauchsanweisung)	B;I
	Oberwasserpumpe saugt Luft an		Brunnenbeschauung	S
			Wasserstand im Brunnen messen	S;B
			Saugleitung auf Dichtheit prüfen	B;I
			Stopfbuchsen in der Pumpe auf Dichtheit prüfen	B;I
			Saugteil der Pumpe entlüften	B;I

SYMPTOM	FEHLERMÖGLICHKEIT	✔	MASSNAHMEN	PROF.
Es kommt kein Wasser aus dem Wasserhahn. ?	Der Sauger bei Oberwasserpumpe ist verschmutzt oder verkrustet		Brunnenbeschauung	S
			Brunnentiefe messen	B;S
			Sauger reinigen	B;I
			Sauger erneuern	B;I
			Brunnen überprüfen lassen	B
			Brunnenregenerierung	B
			Brunnen desinfizieren	B
			Leitungssystem desinfizieren	B
			Wasseruntersuchung	W
	Ein Hauptventil ist abgedreht		Kontrollgang	S
	Rohrbruch bzw. Leitung ist beschädigt		Kontrollgang	S
			Brunnenbeschauung	S
			Förderleitung erneuern	B;I
			Förderleitung abdrücken	B;I
	Leitungssystem ist verkrustet, verkalkt, verstopft oder eingefroren		Kontrollgang	S
			Förderleitung reinigen	B;I
			Förderleitung erneuern	B;I
			Wasseruntersuchung	W
			Wasserbedarfsermittlung	B
			Wasseraufbereitungsanlage einbauen	B;I
			Förderleitung auftauen	I;S
			Förderleitung isolieren	I;S
			Förderleitung frostsichern	I;S
	Wassermangel		Brunnenbeschauung	S
			Wasserstand im Brunnen messen	B;S
			Überprüfen, ob im Einzugsgebiet des Brunnens eine Grundwasserabsenkung betrieben wird	B;S

SYMPTOM	FEHLERMÖGLICHKEIT	✔	MASSNAHMEN	PROF.
Es kommt kein Wasser aus dem Wasserhahn.	Wassermangel		Brunnen überprüfen lassen	B
			Brunnenregenerierung	B
			Brunnen desinfizieren	B
			Leitungssystem desinfizieren	B
			Wasseruntersuchung	W
Es kommt Luft aus dem Wasserhahn, bzw. das Wasser kommt milchig und wird nach kurzer Zeit wieder klar.	Entlüftungsventil bei Windkessel ist verstopft oder defekt		Entlüftungsventil reinigen	B;I
			Entlüftungsventil erneuern	B;I
	Belüfterrückschlagventil ist zu hoch über dem Wasserspiegel eingebaut		Wasserstand im Brunnen messen	B;S
			Brunnenbeschauung	S
			Belüfterrückschlagventil tiefer setzen	B;I
			Brunnen desinfizieren	B
			Leitungssystem desinfizieren	B
	Gummimembran im Membrankessel ist perforiert		Membran erneuern	B;I
			Membrankessel erneuern	B;I
			Vorspanndruck richtig einstellen	B;I
	Wassermangel		Brunnenbeschauung	S
			Wasserstand im Brunnen messen	B;S
			Überprüfen, ob im Einzugsgebiet des Brunnens eine Grundwasserabsenkung betrieben wird	B;S
			Brunnen überprüfen lassen	B
			Brunnenregenerierung	B
			Brunnen desinfizieren	B
			Leitungssystem desinfizieren	B
			Wasseruntersuchung	W

SYMPTOM	FEHLERMÖGLICHKEIT	✔	MASSNAHMEN	PROF.
Der Betriebsdruck ist zu hoch. ?	Motorschutzschalter ist auf Handbetrieb bzw. auf Dauerlauf eingestellt		Motorschutzschalter auf Automatikbetrieb umschalten	S
	Der Druckschalter ist defekt, oder die Druckdifferenz ist zu hoch eingestellt		Druckdifferenz am Manometer überprüfen	S;B;I
			Druckschalter muß waagrecht montiert sein	B;I;S
			Druckschalter auf Feuchtigkeit überprüfen	E
			Beschädigten Druckschalter austauschen	B;E;I
			Manometer überprüfen – Druckanzeige kann falsch sein	B;I
			Manometer austauschen	B;I
			Betriebsdruck neu einstellen	B;I
Der gewohnte Betriebsdruck wird nicht erreicht, bzw. es kommt sehr wenig Wasser aus dem Wasserhahn. ?	Auslaufsieb beim Wasserhahn ist verstopft		Auslaufsieb reinigen	S
			Auslaufsieb erneuern	I;S
	Vorfilter bzw. Papierfilter im System ist verstopft		Filter rückspülen*	S
			Filter reinigen*	S
			Filtergewebe austauschen*	S
			Filter erneuern* (*lt. Gebrauchsanweisung)	B;I
	Falsche Drehrichtung der Pumpe		Elektrische Phasen wenden	E
	Die Pumpe ist alt bzw. abgenützt		Pumpe erneuern	B;I
	Rohrbruch bzw. Leitung ist beschädigt		Kontrollgang	S
			Brunnenbeschauung	S
			Förderleitung abdrücken	B;I
			Förderleitung erneuern	B;I
	Leitungssystem ist verkrustet, verkalkt, verstopft oder eingefroren		Förderleitung reinigen	B;I
			Förderleitung erneuern	B;I
			Förderleitung isolieren	S;I
			Wasseruntersuchung	W
			Wasserbedarfsermittlung	B
			Wasseraufbereitungsanlage einbauen	B;I

SYMPTOM	FEHLERMÖGLICHKEIT	✔	MASSNAHMEN	PROF.
Der gewohnte Betriebsdruck wird nicht erreicht, bzw. es kommt sehr wenig Wasser aus dem Wasserhahn. ?	Leitungssystem ist verkrustet, verkalkt, verstopft oder eingefroren		Förderleitung auftauen	I;S
			Förderleitung frostsichern	I;S
	Der Brunnenkopf beim Bohrbrunnen hat keine Entlüftung; ein Unterdruck (Vakuum) wird in der Bohrung aufgebaut		Entlüftung im Brunnenkopf einbauen	B
			Brunnenkopfplatte austauschen	B
	Wassermangel		Brunnenbeschauung	S
			Wasserstand im Brunnen messen	B;S
			Überprüfen, ob im Einzugsgebiet des Brunnens eine Grundwasserabsenkung betrieben wird	B;S
			Brunnen überprüfen lassen	B
			Brunnenregenerierung	B
			Brunnen desinfizieren	B
			Leitungssystem desinfizieren	B
			Wasseruntersuchung	W
Die Pumpe schaltet ungewohnt oft aus und ein. ?	Ein Wasserhahn wurde nicht abgedreht		Kontrollgang	S
	Rohrbruch bzw. Leitung ist beschädigt		Kontrollgang	S
			Brunnenbeschauung	S
			Förderleitung abdrücken	B;I
			Förderleitung erneuern	B;I
	Bei membrankesselgesteuerten Anlagen ist die Gummimembran defekt oder der Vorspanndruck der Membran zu hoch eingestellt		Vorspanndruck überprüfen	B;I
			Gummimembran austauschen	B;I
			Membrankessel erneuern	B;I
	Entlüftungsventil bei Windkessel ist verstopft oder defekt		Entlüftungsventil reinigen	B;I
			Entlüftungsventil erneuern	B;I

SYMPTOM	FEHLERMÖGLICHKEIT	✔	MASSNAHMEN	PROF.
Die Pumpe schaltet ungewohnt oft aus und ein. ?	Bei Unterwasserpumpe ist das Rückschlagventil bzw. das Belüfterrückschlagventil undicht		Rückschlagventil reinigen	B;I
			Rückschlagventil erneuern	B;I
			Belüfterrückschlagventil reinigen	B;I
			Belüfterrückschlagventil erneuern	B;I
	Bei Oberwasserpumpe ist das Saugventil undicht		Saugventil reinigen	B;I
			Saugventil erneuern	B;I
	Der Druckschalter ist defekt, oder die Druckdifferenz ist zu gering eingestellt		Druckdifferenz am Manometer überprüfen	S;B;I
			Druckschalter muß waagrecht montiert sein	S;B;I
			Druckschalter auf Feuchtigkeit überprüfen	E
			Beschädigten Druckschalter austauschen	E;B;I
			Manometer überprüfen – Druckanzeige kann falsch sein	B;I
			Manometer austauschen	B;I
	Tauchelektroden im Brunnen sind falsch positioniert		Brunnenbeschauung	S;B
			Wasserstand im Brunnen überprüfen	B;S
			Tauchelektrodenpositionierung korrigieren	B
			Brunnen überprüfen lassen	B
Es kommt einmal mehr, einmal weniger Wasser aus dem Wasserhahn. ?	Bei membrankesselgesteuerten Anlagen ist die Gummimembran defekt, oder der Vorspanndruck der Membran ist zu hoch eingestellt		Vorspanndruck überprüfen	B;I
			Gummimembran austauschen	B;I
			Membrankessel erneuern	B;I
	Im Windkessel ist kein Luftpolster		Wasserstand messen	S;B
			Belüfterrückschlagventil reinigen	B;I
			Belüfterrückschlagventil austauschen	B;I
			Belüfter reinigen	B;I
			Belüfter austauschen	B;I
	Wassermangel		Brunnenbeschauung	S

SYMPTOM	FEHLERMÖGLICHKEIT	✔	MASSNAHMEN	PROF.
Es kommt einmal mehr, einmal weniger Wasser aus dem Wasserhahn.	Wassermangel		Wasserstand im Brunnen messen	B;S
			Überprüfen, ob im Einzugsgebiet des Brunnens eine Grundwasserabsenkung betrieben wird	B;S
			Brunnen überprüfen lassen	B
			Brunnenregenerierung	B
			Brunnen desinfizieren	B
			Leitungssystem desinfizieren	B
			Wasseruntersuchung	W
Druckabfall, obwohl kein Wasser verbraucht wird.	Ein Wasserhahn wurde nicht abgedreht		Kontrollgang	S
	Bei Unterwasserpumpe ist das Rückschlagventil bzw. das Belüfterrückschlagventil undicht		Rückschlagventil reinigen	B;I
			Rückschlagventil austauschen	B;I
			Belüfterrückschlagventil reinigen	B;I
			Belüfterrückschlagventil austauschen	B;I
	Bei Oberwasserpumpe ist das Saugventil undicht		Saugventil reinigen	B;I
			Saugventil austauschen	B;I
	Rohrbruch bzw. Leitung ist beschädigt		Kontrollgang	S
			Brunnenbeschauung	S
			Förderleitung abdrücken	B;I
			Förderleitung erneuern	B;I
Das Wasser ist verkeimt bzw. bakteriologisch verunreinigt.	Wasserprobenentnahme wurde nicht korrekt durchgeführt		Brunnenwasser nicht trinken	S
			Neue Wasseruntersuchung durchführen	W
	Der Brunnen ist neu		Brunnenwasser nicht trinken	S
			Brunnen desinfizieren	B
			Leitungssystem desinfizieren	B
			Brunnen bepumpen	B;S
			Wasseruntersuchung wiederholen	W

SYMPTOM	FEHLERMÖGLICHKEIT	✔	MASSNAHMEN	PROF.
Das Wasser ist verkeimt bzw. bakteriologisch verunreinigt.	**Der Brunnen ist sanierungsbedürftig**		Brunnenwasser nicht trinken	S
			Brunnenbeschauung	S
			Brunnen überprüfen lassen	B
			Brunnenregenerierung	B
			Brunnen desinfizieren	B
			Leitungssystem desinfizieren	B
			Wasseruntersuchung wiederholen	W
	An dem Brunnen wurden vor kurzem Arbeiten durchgeführt		Brunnenwasser nicht trinken	S
			Brunnenanlage desinfizieren	B
			Leitungssystem desinfizieren	B
			Wasseruntersuchung wiederholen	W
	Das Leitungssystem ist verschmutzt bzw. alt		Brunnenwasser nicht trinken	S
			Leitung reinigen	B;I
			Leitung erneuern	B;I
			Brunnenanlage desinfizieren	B
			Leitungssystem desinfizieren	B
			Wasseruntersuchung wiederholen	W
	Der Brunnen wurde von außen verunreinigt, z. B. durch Hochwasser		Brunnenwasser nicht trinken	S
			Kontrollgang	S
			Brunnenbeschauung	S
			Hochwasserrückgang abwarten	S
			Verunreinigungsursache feststellen	S;B
			Verunreinigungsursache beseitigen	S
			Brunnen überprüfen lassen	B
			Brunnenregenerierung	B
			Brunnen desinfizieren	B
			Leitungssystem desinfizieren	B

SYMPTOM	FEHLERMÖGLICHKEIT	✔	MASSNAHMEN	PROF.
Das Wasser ist verkeimt bzw. bakteriologisch verunreinigt. ?	Der Brunnen wurde von außen verunreinigt		Wasseruntersuchung wiederholen	W
	Das Grundwasser ist nicht in Ordnung, der Brunnen ist zu nahe an einer Senkgrube, Miststätte, Düngesammelanlage, oder ein Kanal ist undicht		Brunnenwasser nicht trinken	S
			Kontrollgang	S
			Brunnenbeschauung	S
			Bakterien- bzw. Keimverursachung beseitigen	S;B
			Brunnen desinfizieren	B
			Leitungssystem desinfizieren	B
			Wasseruntersuchung	W
			Wasserbedarfsermittlung	B
			Wasseraufbereitung	B;I
			Leitungssystem desinfizieren	B
			Wasseruntersuchung wiederholen	W
Das Wasser enthält im erhöhten Maße gelöste Stoffe. ?	Der Brunnen ist neu und zuwenig bepumpt		Auf Gesundheitsschädlichkeit überprüfen	W
			Abwarten, ob die gelösten Stoffe in der Praxis stören	S
			Wasseruntersuchung wiederholen	W
			Brunnen bepumpen	S
			Einige Wochen abwarten	S
			Wasseruntersuchung wiederholen	W
			Wasserbefunde vergleichen	W;S;B
	Der Brunnen ist in einen Wasserhorizont abgeteuft, der gelöste Stoffe im Übermaß aufweist		Auf Gesundheitsschädlichkeit überprüfen	W
			Abwarten, ob die gelösten Stoffe in der Praxis stören	S
			Wasseruntersuchung wiederholen	W
			Brunnen bepumpen	S
			Einige Wochen abwarten	S

SYMPTOM	FEHLERMÖGLICHKEIT	✔	MASSNAHMEN	PROF.
Das Wasser enthält im erhöhten Maße gelöste Stoffe		☐	Wasseruntersuchung wiederholen	W
		☐	Wasserbefunde vergleichen	W;S;B
		☐	Wasserbedarfsermittlung	B
		☐	Wasseraufbereitungsanlage einbauen	B;I
Das Wasser hat sich verfärbt bzw. verfärbt sich nach kurzer Zeit oder bildet Flocken.	Der Brunnen wurde überfahren, bzw. es wurde zu viel Wasser entnommen	☐	Wassermangelsicherung einbauen	B
		☐	Die Wasserentnahme verringern	S
		☐	Brunnenbeschauung	S
		☐	Brunnen überprüfen lassen	B
		☐	Brunnenregenerierung	B
		☐	Brunnen desinfizieren	B
		☐	Leitungssystem desinfizieren	B
		☐	Wasseruntersuchung	W
	Der Wasserspiegel wurde zu tief abgesenkt und das Filterrohr belüftet	☐	Wassermangelsicherung einbauen	B
		☐	Die Wasserentnahme verringern	S
		☐	Brunnenbeschauung	S
		☐	Brunnen überprüfen lassen	B
		☐	Brunnenregenerierung	B
		☐	Brunnen desinfizieren	B
		☐	Leitungssystem desinfizieren	B
		☐	Wasseruntersuchung	W
	Die Wasserleitung war längere Zeit nicht in Betrieb	☐	Kontrollgang	S
		☐	Brunnenbeschauung	S
		☐	Brunnen bepumpen	S
		☐	Leitungssystem bepumpen	S
		☐	Förderleitung reinigen	B;I
		☐	Förderleitung erneuern	B;I

SYMPTOM	FEHLERMÖGLICHKEIT	✔	MASSNAHMEN	PROF.
Das Wasser hat sich verfärbt bzw. verfärbt sich nach kurzer Zeit oder bildet Flocken.	**Die Wasserleitung war längere Zeit nicht in Betrieb**		Brunnen überprüfen lassen	B
			Brunnenregenerierung	B
			Brunnen desinfizieren	B
			Leitungssystem desinfizieren	B
			Wasseruntersuchung	W
	Eine zu starke Pumpe ist eingebaut		Pumpe drosseln	B;I
			Pumpe austauschen	B;I
			Brunnen desinfizieren	B
			Leitungssystem desinfizieren	B
	Das Leitungssystem ist verkrustet oder alt		Förderleitung reinigen	B;I
			Förderleitung erneuern	B;I
	Der Windkessel ist verschlammt		Kessel reinigen	B;I
			Kessel erneuern	B;I
	Das Wasser ist eisenhaltig oder enthält gelöste Stoffe im Übermaß		Wasseruntersuchung	W
			Verfärbungsgrad beobachten	S
			Abwarten, ob Verfärbungsgrad in der Praxis stört	S
			Sauerstofffreie Pumpsteuerungssysteme einbauen (Membrankessel)	B;I
			Wasserbedarfsermittlung	B
			Wasseraufbereitungsanlage einbauen	B;I
			Wasseruntersuchung	W
	Der Brunnen wurde von außen verunreinigt, z. B. durch Hochwasser		Brunnenwasser nicht trinken	S
			Brunnenbeschauung	S
			Hochwasser abwarten	S
			Verunreinigungsursache feststellen	S;B
			Verunreinigungsursache beseitigen	S
			Brunnen überprüfen lassen	B

SYMPTOM	FEHLERMÖGLICHKEIT	✔	MASSNAHMEN	PROF.
Das Wasser hat sich verfärbt bzw. verfärbt sich nach kurzer Zeit oder bildet Flocken. ?			Brunnenregenerierung	B
			Brunnen desinfizieren	B
			Leitungssystem desinfizieren	B
			Wasseruntersuchung	W
	Der Brunnen hatte eine Setzung bzw. einen Grundbruch		Brunnenbeschauung	S
			Brunnen klarpumpen	S;B
			Brunnen überprüfen lassen	B
			Brunnensanierung bzw. -regenerierung	B
			Brunnen desinfizieren	B
			Leitungssystem desinfizieren	B
			Wasseruntersuchung	W
	Der Brunnen ist sanierungsbedürftig		Brunnenwasser nicht trinken	S
			Brunnenbeschauung	S
			Brunnen überprüfen lassen	B
			Brunnensanierung	B
			Brunnen desinfizieren	B
			Leitungssystem desinfizieren	B
			Wasseruntersuchung	W
	Wassermangel		Brunnenbeschauung	S
			Wasserstand im Brunnen messen	B;S
			Überprüfen, ob im Einzugsgebiet des Brunnens eine Grundwasserabsenkung betrieben wird	S;B
			Brunnen überprüfen lassen	B
			Brunnensanierung	B
			Brunnen desinfizieren	B
			Leitungssystem desinfizieren	B
			Wasseruntersuchung	W

SYMPTOM	FEHLERMÖGLICHKEIT	✔	MASSNAHMEN	PROF.
Das Wasser ist trüb oder sandig. ?	Der Brunnen wurde überfahren, bzw. es wurde zu viel Wasser entnommen		Brunnenbeschauung	S
			Wassermangelsicherung einbauen	B;I
			Die Wasserentnahme verringern	S
			Brunnen überprüfen lassen	B
			Brunnensanierung bzw. -regenerierung	B
			Brunnen desinfizieren	B
			Leitungssystem desinfizieren	B
			Wasseruntersuchung	W
	Der Brunnen hatte eine Setzung bzw. einen Grundbruch		Brunnenbeschauung	S
			Brunnen klarpumpen	B;S
			Brunnen überprüfen lassen	B
			Brunnensanierung	B
			Brunnen desinfizieren	B
			Leitungssystem desinfizieren	B
			Wasseruntersuchung	B
	Der Wasserspiegel wurde zu tief abgesenkt und das Filterrohr belüftet		Brunnenbeschauung	S
			Wassermangelsicherung einbauen	B;I
			Die Wasserentnahme verringern	S
			Brunnen überprüfen lassen	B
			Brunnenregenerierung	B
			Brunnen desinfizieren	B
			Leitungssystem desinfizieren	B
			Wasseruntersuchung	W
	Eine zu starke Pumpe ist eingebaut		Pumpe drosseln	B;S;I
			Pumpe austauschen	B;I
			Brunnen desinfizieren	B
			Leitungssystem desinfizieren	B

SYMPTOM	FEHLERMÖGLICHKEIT	✔	MASSNAHMEN	PROF.
Das Wasser ist trüb oder sandig. ?	Der Brunnen wurde von außen verunreinigt, z. B. durch Hochwasser		Brunnenwasser nicht trinken	S
			Brunnenbeschauung	S
			Hochwasserrückgang abwarten	S
			Verunreinigungsursache feststellen	S;B
			Verunreinigungsursache beseitigen	S
			Brunnen überprüfen lassen	B
			Brunnensanierung bzw. -regenerierung	B
			Brunnen und Leitungssystem desinfizieren	B
			Wasseruntersuchung	W
	Der Brunnen ist sanierungsbedürftig		Brunnenwasser nicht trinken	S
			Brunnenbeschauung	S
			Brunnen überprüfen lassen	B
			Brunnensanierung	B
			Brunnen und Leitungssystem desinfizieren	B
			Wasseruntersuchung	W
	Wassermangel		Brunnenbeschauung	S
			Wasserstand im Brunnen messen	B;S
			Überprüfen, ob im Einzugsgebiet des Brunnens eine Grundwasserabsenkung betrieben wird	S;B
			Brunnen überprüfen lassen	B
			Brunnensanierung	B
			Brunnen und Leitungssystem desinfizieren	B
			Wasseruntersuchung	W
	Die Unterwasserpumpe bei einem Bohrbrunnen hängt im Filterbereich		Feststellen, wo sich das Filterrohr befindet	B
			Die Pumpe über das Filterrohr hängen	B
			Pumpe mit Saugschutzmantel ausstatten	B

SYMPTOM	FEHLERMÖGLICHKEIT	✔	MASSNAHMEN	PROF.
Das Wasser riecht auffällig oder schäumt auf. ?	Das Leitungssystem ist verkrustet oder alt		Leitungssystem desinfiszieren	B;I
			Leitungssystem reinigen	B;I
	Der Windkessel ist verschlammt		Kessel reinigen	B;I
			Kessel erneuern	B;I
	Das Wasser ist eisenhaltig oder enthält andere gelöste Stoffe im Übermaß		Wasseruntersuchung	W
			Verfärbungsgrad beobachten	S
			Sauerstofffreie Pumpsteuerungssysteme einbauen (Membrankessel)	B;I
			Wasserbedarfsermittlung	B
			Wasseraufbereitungsanlage einbauen	B;I
	Der Brunnen wurde von außen verunreinigt, z. B. durch Hochwasser		Brunnenwasser nicht trinken	S
			Brunnenbeschauung	S
			Hochwasserrückgang abwarten	S
			Verunreinigungsursache feststellen	S;B
			Verunreinigungsursache beseitigen	S
			Brunnen überprüfen lassen	B
			Brunnensanierung bzw. -regenerierung	B
			Brunnen desinfizieren	B
			Leitungssystem desinfizieren	B
			Wasseruntersuchung	W
	Der Brunnen ist ölverschmutzt, z. B. durch Hochwasser		Brunnenwasser nicht trinken	S
			Kontrollgang	S
			Brunnnenbeschauung	S
			Hochwasserrückgang abwarten	S
			Feuerwehr verständigen	S
			Brunnenbauer verständigen	S
			Ölverschmutzungsherkunft feststellen	S

SYMPTOM	FEHLERMÖGLICHKEIT	✔	MASSNAHMEN	PROF.
Das Wasser riecht auffällig oder schäumt auf.			BH, Feuerwehr oder THW verständigen	S
			Ölverschmutzungsursache beseitigen	S
			Ölbindemittel einsetzen	S
			Ölabfälle vorschriftsmässig entsorgen	S
			Förderleitung reinigen	B;I
			Förderleitung erneuern	B;I
			Brunnenregenerierung	B
			Brunnen desinfizieren	B
			Leitungssystem desinfizieren	B
			Wasseruntersuchung	W
	Brunnen ist sanierungsbedürftig		Brunnenwasser nicht trinken	S
			Brunnenbeschauung	S
			Brunnen überprüfen lassen	B
			Brunnensanierung	B
			Brunnen desinfizieren	B
			Leitungssystem desinfizieren	B
			Wasseruntersuchung	W
Das Wasser hat Temperatur-schwankungen.	Das Wasser ist sehr oberflächennah gefaßt, bzw. es kann sich um Oberflächenwasser handeln		Regelmäßige Wasseruntersuchung	W
			Brunnen überprüfen lassen	B
			Temperaturschwankungen von Luft und Wasser mit Zeit und Datum aufzeichnen	S
	Die Förderleitung ist in keiner frostsicheren Tiefe verlegt		Förderleitung tiefer legen	B;I
			Förderleitung frostsichern	B;I
	Die Förderleitung ist sehr lang und führt durch Räume		Förderleitung isolieren	I;S
			Förderleitung frostsichern	I;S
	Der Wasserverbrauch ist sehr gering		Förderleitung isolieren	I;S

SYMPTOM	FEHLERMÖGLICHKEIT	✔	MASSNAHMEN	PROF.
Das Wasser hat Temperatur-schwankungen.	Der Wasserverbrauch ist sehr gering		Förderleitung tiefer legen	B;I
			Förderleitung frostsichern	I;S
			Anlage überprüfen lassen	B;I
			Kleinere Kesselanlage installieren	B;I
Der Motorschutz hat ausgelöst.	Pumpe wurde überbelastet		Kontrollgang	S
			Motorschutzschalter von Handbetrieb auf Automatik stellen	S
			Motorschutzschalter ausschalten	S
			Anlage einige Minuten kühlen lassen	S
			Motorschutzschalter auf Automatikbetrieb stellen	S
			Elektrische Anlage überprüfen	E
			Förderleitung auf Verstopfung überprüfen	B;I
			Förderleitung auf Vereisung überprüfen	S
			Förderleitung auftauen	S;I
			Förderleitung isolieren	S;I
	Motorschutzschalter ist beschädigt		Austauschen	E
	Motorschutzschalter ist feucht oder verschmutzt bzw. korrodiert		Motorschutz auf Beschädigung überprüfen	S;E
			Motorschutz gegen Feuchtigkeit schützen	S;E
			Motorschutz trocknen lassen	S
			Motorschutz erneuern	E
	Die Pumpe ist alt bzw. abgenützt		Pumpe erneuern	B;I
	Die Pumpe steckt bzw. ist verschlissen		Pumpe reinigen	B;I
			Pumpe erneuern	B;I
			Brunnen desinfizieren	B
			Leitungssystem desinfizieren	B
	Motorschaden bei der Pumpe, z. B. durch Blitzschlag		Motor austauschen	E
			Elektrische Anlage überprüfen	E

SYMPTOM	FEHLERMÖGLICHKEIT	✔	MASSNAHMEN	PROF.
Der Motorschutz hat ausgelöst.	Motorschaden bei der Pumpe		Blitzschutz installieren	E
	Unterwasserpumpe sitzt zu tief im Brunnen oder steckt im Schlamm (Motor überhitzt)		Brunnentiefe messen	B;S
			Saugschutzkühlmantel montieren	E;I
			Brunnenendtiefe wieder herstellen	B
			Wasserspiegel messen	B;I;S
			Pumpe richtig positionieren	B;I;S
	Pumpe baut zu hohen Druck auf		Kontrollgang	S
			Förderleitung auf Verstopfung überprüfen	B;I
			Förderleitung auf Vereisung überprüfen	S
			Förderleitung auftauen	S;I
			Förderleitung isolieren	S;I
			Betriebsdruck neu einstellen	B;I
			Druckschalter reinigen	B;I;S
			Druckschalter erneuern	B;E;I
	Pumpe hat zuwenig Druckwiderstand, dadurch Drehzahl zu hoch		Kontrollgang	S
			Förderleitung auf Rohrbruch überprüfen	S;B;I
			Förderleitung erneuern	B;I
			Betriebsdruck neu einstellen	B;I
	Das Pumpenkabel ist defekt		Kontrollgang	S
			Auf Beschädigung überprüfen	S;E;B;I
			Kabel durchmessen	E
			Kabel erneuern	E;B;I
Druckschalter schaltet falsch.	Druckschalter ist falsch eingestellt		Druckschalter neu einstellen	B;I
			Manometer überprüfen – Druckanzeige kann falsch sein	B;I
			Manometer austauschen	B;I
	Druckschalter ist beschädig		Druckschalter austauschen	B;I;E

SYMPTOM	FEHLERMÖGLICHKEIT	✔	MASSNAHMEN	PROF.
Druckschalter schaltet falsch.	Druckschalter ist feucht oder verschmutzt bzw. korrodiert		Druckschalter auf Beschädigung überprüfen	S
			Druckschalter gegen Feuchtigkeit schützen	E;S
			Druckschalter trocknen lassen	S
			Druckschalter erneuern	B;I;E
	Druckschalter ist verstopft		Druckschalter reinigen	B;I;S
			Druckschalter erneuern	B;I;E
	Druckschalter ist nicht waagrecht montiert		Druckschalter waagrecht montieren	B;I;S
Wassermangel-Sicherung schaltet falsch, bzw. Elektrodensteuerung schaltet falsch.	Steuergerät ist feucht oder verschmutzt bzw. korrodiert		Steuergerät auf Beschädigung überprüfen	S;E
			Steuergerät gegen Feuchtigkeit schützen	S;E
			Steuergerät trocknen lassen	S
			Steuergerät erneuern	E
	Tauchelektroden im Brunnen sind verkrustet bzw. verschmutzt		Tauchelektroden reinigen	B;I
			Tauchelektroden erneuern	B;I
	Tauchelektroden im Brunnen sind falsch positioniert		Brunnenbeschauung	S
			Wasserstand im Brunnen überprüfen	B;S
			Tauchelektrodenpositionierung korrigieren	B;I
			Brunnen überprüfen lassen	B
			Brunnensanierung	B
			Brunnen desinfizieren	B
			Leitungssystem desinfizieren	B
			Wasseruntersuchung	W
	Elektroden oder Elektrodenkabel sind beschädigt		Elektroden austauschen	B;I;E
			Elektrodenkabel austauschen	B;I;E
	Sensibilität des Steuergerätes falsch eingestellt		Sensibilität neu einstellen	E
	Elektroden falsch angeschlossen		Elektroden richtig anschließen	E

Empfohlene Einstellungen im Standardbetrieb für Hauswasserversorgung

Motorschutzschalterstellung im Normalbetrieb .... *Automatik*

Pumpeneinschaltdruck bei Hauswasserversorgung .... *ca. 3,5 bar*

Pumpenausschaltdruck bei Hauswasserversorgung .... *ca. 5,0 bar*

Druckdifferenz zwischen Ein- und Ausschaltdruck .... *ca. 1,5 bar*

Der Vorspanndruck bei Membrankessel
im Gummimembran .... *10% unter dem Einschaltdruck*

Motorschutzschaltereinstellung auf Handbetrieb
Bei dieser Stellung muß mind. ein Auslaufventil geöffnet sein, wenn kein Sicherheitsventil vorhanden ist. Da auf dieser Schaltstellung die Drucksteuerung überbrückt ist, läuft die Pumpe gegen geschlossenen Schieber.
Es kann eine Leitung platzen, oder der Motorschutzschalter löst aus.

Betriebsdruckveränderung
Bei alten Leitungssystemen sollte man den Betriebsdruck nicht erhöhen, da danach meist Undichtheiten auftreten und alte Rohre platzen könnten.

DESINFEKTION UND CHEMISCHE REGENERIERUNG VON BRUNNEN UND WASSERVERSORGUNGSANLAGEN

Es gibt viele Anbieter und Arten von Chemikalien zur Desinfektion und Regenerierung, wobei nicht alle Desinfektionsmittel immer und überall erlaubt oder geeignet sind.
Bei Schacht- oder Bohrbrunnen bzw. bei Wasserversorgungsanlagen kommt am häufigsten Natriumhypochlorid zur Anwendung.
Bei dessen Verwendung ist auf jeden Fall zu überprüfen, ob in Ihrem Fall dieses Mittel freigegeben ist.
Außerdem ist darauf zu achten, ob bei Ihrer Anlage Teile eingebaut sind, die sich nicht mit Natriumhypochlorid vertragen und somit Schaden erleiden könnten.
Eine Desinfizierung muß von Fachleuten bzw. einer Brunnenbaufirma durchgeführt werden!

Desinfektion von Schachtbrunnen

Bitte unbedingt die Sicherheitsmaßnahmen berücksichtigen!

1. Menge des Desinfektionsmittels ermitteln (siehe Tabelle bei Sicherheitsmaßnahmen): Für 1 m^3 Wasser sind ca. 100 ml Desinfektionsmittel (Natriumhypochloritlauge ca. 14%ig, UN Nr. 1791) erforderlich. *Anm.: Gemauerte Brunnen und Gewässer mit hohen organischen Anteilen benötigen meist mehr Desinfektionsmittel.*
2. Deckel nur abheben, wenn es erforderlich ist, sonst über die Einstiegsöffnung arbeiten.
3. Brunnenwasserstand so weit wie möglich absenken.
4. Die Hälfte des Desinfektionsmittels am besten in eine Gießkanne mit Verteilerkopf schütten und die Behälterwände besprühen.
5. Kübel wieder mit Wasser füllen und die zweite Häfte des Desinfektionsmittels zusetzen. Verdünntes Desinfektionsmittel in den Brunnen leeren.
   NACH ZUGABE DES DESINFEKTIONSMITTELS DARF MAN DEN SCHACHT NICHT MEHR BETRETEN ODER SICH HINUNTERBEUGEN!
6. Durchmischung, wenn möglich durch Brunnenaufspiegelung oder wenn es leicht geht, mit einer sauberen, desinfizierten Stange umrühren. Brunnendeckel wieder schließen.
7. Zur Desinfektion aller Rohrleitungen Wasser aus allen Auslässen ausfließen lassen, bis sich Chlorgeruch einstellt.
8. Brunnen und Rohrleitungen ca. 12 Std. stehen lassen.
9. Neutralisation des Restchlors: Wenn das Brunnenwasser nur über den Kanal oder in einen Bach geleitet werden kann, ist unbedingt eine Neutralisation mit Perhydrol (Wasserstoffperoxyd 35%ig, UN Nr. 2014) durchzuführen. Dazu ist die gleiche Menge Perhydrol in einem Kübel mit Wasser anzusetzen und der Inhalt in den Brunnen zu schütten. Wenn es geht, ebenfalls mit einer sauberen, desinfizierten Stange umrühren.
10. Brunnen und Leitungen spülen. Dazu alle Wasserhähne kräftig aufdrehen bis kein Chlorgeruch mehr wahrnehmbar ist.

Sicherheitsmaßnahmen

- Natriumhypochloritlauge ist äußerst **ätzend**, auch in verdünnter Form!

- Bei jeglichem Hantieren sind **Gummihandschuhe** zu tragen und zum Schutz der Augen **Brillen** aufzusetzen.

- Es wird angeraten, **alte Kleidung** bzw. Arbeitskleidung zu tragen.

- Die Lauge setzt **hochgiftiges Chlorgas** frei. Chlorgas verursacht **Reizungen der Schleimhäute** und kann beim Einatmen zu schweren **Lungenschäden** führen.

- Niemals an der Lauge oder an der Laugenverdünnung riechen.
  Nie geschlossene Räume (Behälter oder Brunnenschächte) betreten, in denen Hypochloritlauge verwendet wurde. (Deshalb nie Behälterwandungen mit verdünnter Lauge abschrubben.)
  Innerhalb von Räumen darf nur mit schwerem Atemschutz gearbeitet werden.
  Nach Einsatz im Brunnenschacht Deckel sofort wieder schließen.
  Immer mindestens zu zweit arbeiten.

Wasserstand in m über der Sohle	Brunnendurchmesser in m					
	0,8	1,0	1,2	1,5	2,0	2,5
	Desinfektionsmittel in ml					
0,5	30	40	60	90	160	250
1	50	80	110	180	310	490
1,5	80	120	170	270	470	740
2	100	160	230	350	630	980
2,5	130	200	280	440	790	1230
3	150	240	340	530	940	1500
3,5	180	270	400	620	1100	1700
4	200	310	450	710	1300	2000
4,5	230	350	510	800	1400	2200
5	280	390	570	880	1600	2500

Auszug aus der österreichischen Trinkwasserverordnung

Bestehende Richtzahlen und Zulässige Höchstkonzentrationen für Trinkwasser- Routineuntersuchungen gem. BGBl 235/98 "Qualität von Wasser für den menschlichen Gebrauch"

Chemische Parameter	Dimension	Richtzahl	Zulässige Höchst - konzentration
Temperatur	° C	12	25
Aussehen, Farbe	-	---	--- (1)
Geruch	-	---	--- (1)
Leitfähigkeit (25°C)	µS/cm	400	--- (2)
pH-Wert	-	6,5 - 8,5	9,5
Nitrat	mg/l NO_3	25	50 (3)
Nitrit	mg/l NO_2	---	0,1
Ammonium	mg/l NH_4	0,05	0,5 (4)
TOC (Org. gebundener C)	mg/l C	---	--- (12)
Carbonathärte	°dH	---	---
Gesamthärte	°dH	---	--- (5)
Calcium	mg/l Ca	100	---
Magnesium	mg/l Mg	30	50
Chlorid	mg/l Cl	25	200 (6)
Sulfat	mg/l SO_4	25	250 (7)
Eisen	mg/l Fe	0,05	0,20
Mangan	mg/l Mn	0,02	0,05

Bakteriologische Parameter	Zulässige Höchst - konzentration	Richtwert
KBE in 1 mL Probe bei 37 °C nach 48 Stunden	---	< 10 (8)
KBE in 1 mL Probe bei 22 °C nach 48 Stunden	---	< 100 (9)
Escherichia coli in 100 ml	nicht	nachweisbar (10)
Coliforme Keime in 100 ml	nicht	nachweisbar (10)
Enterokokken in 100 ml	nicht	nachweisbar (10)
Pseudomonas aeruginosa in 100 ml	nicht	nachweisbar (10, 11)

Richt- und Grenzwerte für Trinkwasserinhaltsstoffe — Stand: 19. Juli 1999

Für weitere Informationen besuchen Sie bitte die Homepage:
www.bsgrz.ages.at/trinkwasserverordnung.pdf
(www.bsgrz.ages.at/ -> Downloads -> Gesetze -> Trinkwasserverordnung.pdf)

Auszug aus der deutschen Trinkwasserverordnung

Kenngrößen und Grenzwerte zur Beurteilung der Beschaffenheit des Trinkwassers

Folgende Tabellen sind der deutschen Homepage „www.wasser.de/richt-vero/trinkwasserverordnung“ entnommen:

I. Sensorische Kenngrößen

Lfd. Nr.	Bezeichnung	Grenzwert	berechnet als	zul. Fehler d. Meßwertes	festgelegtes Verfahren/Bemerkungen
a	b	c	d	e	f
1	Färbung *) (spektraler Absortionskoeff. Hg 436 nm)	0,5 m¬	-	-	Bestimmung des spektralen Absortionskoeffizienten mit Spektralphotometer oder Filterphotometer
2	Trübung *)	1, 5 Trübungseinheit/ Formazin	-	-	Bestimmung der spektralen Streukoeffizienten
3	Geruchsschwellenwert	2 bei 12 °C 3 bei 25 °C	-	-	stufenweise Verdünnung mit geruchsfreiem Wasser und Prüfung auf Geruch

*) Kurzzeitige Überschreitungen bleiben außer Betracht.

II. Physikalisch-chemische Kenngrößen

Lfd. Nr.	Bezeichnung	Grenzwert	berechnet als	zul. Fehler d. Meßwertes	festgelegtes Verfahren/Bemerkungen
a	b	c	d	e	f
4	Temperatur	25 °C	-	± 1 °C	Grenzwert gilt nicht für erwärmtes Trinkwasser
5	pH-Wert	nicht unter 6,5 und nicht über 9,5	-	± 0,1	elektrochemische Messung Gaselektrode; für Wasserversorgungsanlagen mit einer Abgabe bis 1000 m^3 pro Jahr ist auch photometrische Messung zulässig
6	Leitfähigkeit	2000 $\mu S\ cm^{-1}$	-	± 100 $\mu S\ cm^{-1}$	elektrometrische Messung
7	Oxidierbarkeit	5 mg/l	O_2	-	maßanalytische Bestimmung der Oxidierbarkeit mittels Kaliumpermanganat/ Kaliumpermanganatverbrauch

III. Grenzwerte für chemische Stoffe

Lfd. Nr.	Bezeichnung	Grenzwert mg/l	berechnet als	entsprechend etwa mmol/m³	zul. Fehler d. Meßwertes ± mg/l	festgelegtes Verfahren/Bemerkungen
a	b	c	d	e	f	g
8	Aluminium	0,2	Al	7,5	0,04	
9	Ammonium	0,5	NH_4^+	30	0,1	geogen bedingte Überschreitungen bleiben bis zu einem Grenzwert von 30 mg/l außer Betracht
10	Barium	1	Ba	7	0,2	
11	Bor	1	B	90	0,2	
12	Calcium	400	Ca	10 000	40	
13	Chlorid	250	Cl	7 000	25	
14	Eisen	0,2	Fe	3,5	0,01	
15	Kalium	12	K	300	0,5	geogen bedingte Überschreitungen bleiben bis zu einem Grenzwert von 50 mg/l außer Betracht
16	Kjeldahl-stickstoff	1	N	71		
17	Magnesium	50	Mg	2 050	2	geogen bedingte Überschreitungen bleiben bis zu einem Grenzwert von 120 mg/l außer Betracht
18	Mangan	0,05	Mn	0,9	0,01	
19	Natrium	150	Na	6 500	6	
20	Phenole	0,0005	Phenol C_6H_5OH	0,005		- ausgenommen natürliche Phenole, die nicht mit - Chlor reagieren; ist eingehalten, wenn der Grenzwert der Anlage 4 Nr. 3 "Geruchsschwellenwert" eingehalten wird
21	Phosphor	6,7	PO_4^{3-}	70	0,1	Grenzwert entspricht 5 mg/l P_2O_5
22	Silber	0,01	Ag	0,1	0,004	bei Zugaben von Silber oder Silberverbindungen für die Aufbereitung von Trinkwasser gilt Anlage 3 Nr. 4
23	Sulfat	240	SO_4^{2-}	2 500	5	geogen bedingte Überschreitungen bleiben bis zu einem Grenzwert von 500 mg/l außer Betracht
24	Gelöste oder emulgierte Kohlenwasserstoffe; Mineralöle	0,01			0,005	
25	Mit Chloroform extrahierbare Stoffe	1	Abdampfrückstand			ist eingehalten, wenn der Grenzwert der Anlage 4 Nr. 7 "Oxidierbarkeit" eingehalten wird

III. Grenzwerte für chemische Stoffe

26	Oberflächen-aktive Stoffe a) anionische b) nicht ionische	0,2	a) Methylen blauaktive Substanzen b) bismut-aktive Substanz		0,1	a) Bestimmung anionischer Tenside mittels Methylen-blau gegen Dodecylbenzol-sulfonsäuremethylesther als Standard b) Bestimmung nicht-ionischer Tenside mit modifiziertem Dragendorff-Reagens gegen Nonyl-phenoldekaethoxylat

Grenzwerte für chemische Stoffe

Abschnitt I (periodische Untersuchungen nach §12 Abs. 1)

Lfd. Nr.	Bezeichnung	Grenzwert mg/l	berechnet als	entsprechend etwa mmol/m³	zulässiger Fehler des Meßwertes ± mg/l
a	b	c	d	e	f
1	Arsen	0,01	As	0,1	0,005
2	Blei	0,04	Pb	0,2	0,02
3	Cadmium	0,005	Cd	0,04	0,002
4	Chrom	0,05	Cr	1	0,01
5	Cyanind	0,05	CN^-	2	0,01
6	Fluorid	1,5	F^-	79	0,2
7	Nickel	0,05	Ni	0,9	0,01
8	Nitrat	50	NO_3^-	806	2
9	Nitrit	0,1	NO_2^-	2,2	0,02
10	Quecksilber	0,001	Hg	0,005	0,0005
11	Polycyclische aromatische Kohlenwasserstoffe - Fluoranthen - Benzo-(b)-Fluoranthen - Benzo-(k)-Fluoranthen - Benzo-(a)-Pyren - Benzo-(ghi)-Perylen - Indeno-(1,2,3,-cd)-Pyren	insgesamt 0,0002	C	0,02	0,00004
12	Organische Chlorverbindungen - 1,1,1-Trichlorethan - Trichlorethen - Tetrachlorethen - Dichlormethan	insgesamt 0,01	-	-	0,004
	- Tetrachlormethan	0,003	CCl_4	0,02	0,001

Abschnitt II (besondere Untersuchungen nach §12 Abs. 2)

Lfd. Nr.	Bezeichnung	Grenzwert mg/l	berechnet als	entsprechend etwa mmol/m³	zulässiger Fehler des Meßwertes ± mg/l
a	b	c	d	e	f
13	a) Organisch-chemische Stoffe zur Pflanzenbehandlung und Schädlingsbekämpfung einschließlich ihrer toxischen Hauptabbauprodukte und b) Polychlorierte, polybromierte Biphenyle und Terphenyle	einzelne Substanz 0,0001 insgesamt 0,0005	- -	- -	0,00005 0,0002
14	Antimon	0,01	Sb	0,08	0,002
15	Selen	0,01	Se	0,13	0,002

WASSERBEDARFSERMITTLUNG

Anlage: Ortschaft: Gemeinde: Pol. Bezirk:		Anzahl d. Häuser Zweitanschlüsse			
WASSERVERBRAUCHER	Einheiten	MITTLERER BEDARF		MAXIMALER BEDARF Steigerung 50%	
		Verbrauch	Gesamtverbrauch	Verbrauch	Gesamtverbrauch
GEGENWÄRTIGER TAGESBEDARF		m³/d l/min		m³/d l/min	
ZUKÜNFTIGER TAGESBEDARF Steigerung um ……….%		m³/d l/min		m³/d l/min	
ZUKÜNFTIGER MAXIMALER STUNDENBEDARF (17 % des max. Tagesbedarfes)		m³/h		l/min	
MITTLERER JAHRESBEDARF		Gegenwärtig x 365 Tage Zukünftig x 365 Tage		m³/Jahr m³/Jahr	

WICHTIGE PUNKTE DER BRUNNENINSTANDHALTUNG UND -SANIERUNG

- Legen Sie ein Brunnen- und Wasserversorgungs-Betriebsbuch an!
- Brunnen sollten für alle Beschauungs-, Kontroll-, Regenerierungs- und Sanierungsmaßnahmen leicht zugänglich sein!
- Sorgen Sie für eine gepflegte Umgebung!
- Zäunen Sie die Wasserfassung ein!
- Ein Brunnen ist keine Abstellfläche!
- Brunnenschächte müssen ca. 30 cm über GOK (Geländeoberkante) geführt werden und tagwasserdicht abgedeckt sein!
- Bodenebene Brunnen müssen druckwasserdicht abgedeckt sein!
- Alle Brunnen und Schächte müssen eine insektensichere Entlüftung haben, bei größeren Anlagen auch eine Belüftung!
- Brunnenschächte müssen bis mind. 3 m unter GOK wasserdicht sein!
- Jeder Schachtbrunnen muß einen Lehmschlag oder eine gleichwertige Abdichtung mit Gefälle vom Schacht weg haben!
- Die Brunnen- oder Schachtwand muß ordentlich verputzt sein, ebenso alle Stemmlöcher, Kabel- und Rohrdurchführungen!
- Es dürfen keine Wurzeln in den Brunnen hineinwachsen!
- Alle Einbauteile müssen lebensmittelecht und korrosionsgeschützt sein!

Bitte umblättern! →

- Holzbüchsen in Schachtbrunnen sind gegen Filterrohre auszutauschen!
- Holz darf sich in keinem Brunnen befinden!
- Die Sohle des Brunnens muß schlammfrei und fachgerecht verkiest sein!
- Nach jeder Sanierung, Regenerierung und Reparatur ist der Brunnen zu desinfizieren!
- Achten Sie auf die richtige Einbautiefe und Auslegung der Pumpe!
- Sauerstofffreie Steuerungssysteme (Membrankessel) für die Pumpe sind besser als windkesselgesteuerte Systeme!
- Filterrohre bei Bohrbrunnen sollen immer unterhalb des abgesenkten Wasserspiegels liegen!
- Der Wasserspiegel darf nicht zu tief abgesenkt werden!
- Überprüfung durchführen, ob Grundwasser in zufriedenstellender Menge und Qualität in der Umgebung vorhanden ist. Eventuell einen Verunreinigungsgrund mittels Wasserbefund suchen!
- Brunnensanierungen selbst durchzuführen, kann sehr gefährlich sein!
- Die Anlage muß einmal im Jahr überprüft werden. Die Überprüfung ist im Betriebsbuch zu vermerken!
- Die Anlage soll in regelmäßigen Abständen gepflegt und gewartet werden!
- Sollte es darüber hinaus Probleme geben, sollte sich der Brunnenbesitzer bei einer Brunnenbaufirma erkundigen, was zu tun ist!